狼群狐黨的秘密

超級團隊與個人競爭力

許成之 著

獻給

我們的父母

和

生命中的貴人

以

感恩、奉獻的心

回饋

臺灣社會

不要忽略臺灣的青少年！

一粒帶著期望的種子
孕育改變世界的力量

作者簡介

　　許成之，國防大學理工學院電機工程學士、碩士，美國加州大學聖地牙哥分校電機工程與計算機科學碩士、博士。具有電機技師、專案管理學會認證課程合格講師及公務人員簡任十一職等資格。

　　現為德鉅電機技師事務所負責人，企業管理顧問。

　　維基百科曾譽為一具有學術風骨與生活智慧的感官達人，在各項領域當中提出許多獨特的看法引領。

　　曾任美國明州華人學術與專業學會理事兼活動規劃委員會主席、中興電工機械股份有限公司顧問、教育部大專校院評鑑委員、勞動部勞動力發展署評鑑委員及核心職能講師、基準企業管理顧問公司專案顧問、台灣專案管理學會研討會執行委員會主委及證照委員會副總督導、網路消費協會理事、交通部電信總局電信評議委員、遠距教育學會秘書長、理事、空中教育學會理事、國家NII資訊通信基礎建設教育部推動小組委員、中山科學研究院電子研究所顧問、亞太創意技術學院第二任校長、國家科學委員會精密儀器發展中心副主任、空中大學、南華大學以及華梵大學教授兼主任秘書、推廣教育中心主任、處長、空專校務主任、國防大學理

工學院教授兼系主任、專科部主任。

　　曾任國家科學委員會精密儀器發展中心「精儀期刊」總編輯、電機工程學會「電工」季刊總編輯及顧問、空中大學「空專學訊」總編輯、遠距教育學會「遠距教育」季刊總編輯。

　　曾至新加坡、南非、瑞士、德國、列支登士坦、荷蘭、英國、美國考察，居住美國十一年。

著作及發明：大學用書《核心職能》，期刊論文25篇、研討會論文42篇、技術報告4篇、研究計畫報告7篇、文章發表34篇以及技術發明合作1項。

Email: hsu.veritas@gmail.com

Blog: 宇宙之子

　　http://blog.udn.com/Veritaspaul/article

　　http://album.udn.com/Veritaspaul/498913

Youtube: https://www.youtube.com/channel/UCTRFX7GhbfAfP

　　OEErzJPgmw/videos?shelf_id=0&view=0&sort=dd

出版致謝

　　教授當了幾十年，以前偶而出過一些文章，上年和敬佩的朋友出了一本大學用書，自己個人卻從未出過書。

　　當我要出這本書的消息傳出後，一位遠在美國幾十年沒見的老同學，立刻越洋托人贊助我出版費，他的盛情最令我感動！

　　不久，二位碩博士學生知道了，先後包了紅包給我，說是幫老師出書，也讓我意外驚喜不已！在一次校友聚會的場合，學長學弟們主動解囊鼓勵，雖然只是一點表示，卻都是大家的隆情盛意！

　　還有好幾位職場朋友熱情參加贊助本書的出版，謹特別在此一併致謝，表達我衷心的感激與懷念！

　　為了要好好出版這本書，我從十多家出版商學到了寶貴的經驗與教訓，狠下心把書稿大修一番，增加內容，也改變了書名，乃至出書的時間因此延遲了一年多。但是，我現在要非常高興的說：

　　「這本書是在許多人的鼓勵和愛心以及我的驕傲和信心下出版的，終於有幸貢獻社會大眾，實現我和這許多人的願望。」

**本書插圖大部分是作者攝於美國明尼蘇達州玫瑰村之瞬間驚艷，分享讀者。

一、動核職能
1. 生涯規劃 Career Planning
2. 履歷表撰寫與求職面談技巧
3. 時間管理 Time Management
4. 樂在工作 The Joy of Working
5. 改善人際關係 Interpersonal Skill
6. 情緒管理 EQ Management

二、行為職能
7. 溝通管理 Communication
8. 簡報技巧 Presentation Skill
9. 英文email寫作
10. 談判技巧 Negotiation Skill
11. 衝突管理 Conflict Management
12. 團隊管理 Team Management

三、知識職能
13. 問題的分析與解決
14. 提升創造力 Innovative Thinking
15. 提升我們的領導能力
16. 執行力 Execution
17. 建立成功的工作習慣
18. 壓力管理 Stress Management

　　2015年出版，國內第一本「核心職能」大學用書，專精剖析職場必備的核心職能，是各大專院校就業學程、通識課程及各大企業內訓最實用的教科書。

　　特別適合：

1. 大學與研究所在學學生就業能力的自我修練與培養。

2. 社會新鮮人自我學習成長進步必讀之教材。

3. 職場進修自我成長與自我發展指南。

4. 各公司企業內部訓練最實用的教材。

5. 師長父母指導學生子女學習成長必備之參考書。

超級團隊與個人競爭力

推薦序一

　　在知識經濟時代，是否具備創新的能力，已被社會大眾認為是最重要的課題。學生在學習階段，如何才能夠培養出創新的能力，在職場上如何去實現創新的能力，也就成為在競爭激烈的大時代裡，是否能夠成功的關鍵因素之一。

　　本書從生理學、心理學的基本知識，以深入淺出的方式來闡述腦神經學發展概念，使非心理學領域的人士，無論青年或成人，都可以很容易的瞭解到自幼兒到成長期腦的發展歷程，知道如何去善加利用，無論對自己或下一代的兒童，因而都能獲得良好的發展過程，進而建立了未來競爭力的基石。

　　如何形成智慧，這是一個非常抽象的問題，甚至一般人往往會把它看作是一個形而上學的問題。但是由於作者分別具有科技及管理的專業，能夠以有系統、有條理的方式，並且佐以名人故事來說明，將一個不易瞭解的理論，演化成易懂的科普知識，這將是這本書成功及為讀者接受的因素之一。

　　潛能是一個人具有的潛在能力，這種能力很多都是在成長過程中被埋沒而沒有充分發揮出來，因而也就埋沒了不少的人才。這些基礎的能力，或者說是天分，每個人都有強弱的不同，例如一個具有音樂天賦能力的人，如果缺乏一個很

好的環境培養，使他能夠充分的發揮，這個人絕對不可能成為一個音樂家；具有教學潛力的人很多，社會上缺少很多數學的人才，就是因為在小學時期學習遇到挫折時，沒有給予輔導鼓勵，因而失掉了興趣。反觀印度這個國家，則對數學積極培養，再加上低所得家庭普徧要力爭上游的競爭力，使印度產生了大批數學良好的資訊系統人才，而且遍佈全球先進國家。

職場的十八般武藝，就一個年輕人來說，都是競爭力必須具備的能力，如果能夠依照書中所列舉的各種方法及途徑去切實踐履的話，在踏出校門時，即已具備了完善的基本能力，再加以歷練的培養，競爭能力自然與日俱增。所以說本書的確是一本可讀、易讀而且實用的好書，善用書中所提的基本要素，加以整合、發揮，並且用心的實踐，一定可以培養出完善而堅強的競爭力，能出人頭地，而不會被埋沒。

讀完本書，感到確為一本在生涯發展上需要好好深入瞭解的有用之書，故特為推薦，希望好書能大家分享。

推薦人：孟繼洛　教授

華夏科技大學董事長

前台北科技大學副校長

前亞東技術學院校長

推薦序二

　　生活在現代的社會中真是大不易，科技一日千里，職場瞬息萬變，昨日剛學得的一技之長，明天已成凋萎的黃花。要如何在四周如潮水般湧出的新資訊中，找到對的訊息，確立對的方式，成就對的人生，真是煞費思量。

　　而我有一位朋友叫許成之，他是電機博士、大學教授，但也是電機技師、企業顧問、公職主管、網路消費達人、核心職能講師、專技學院校長……，幾十年來看著他多采多姿的人生，一如看今日繽紛變化的世界。妻子曾經問過我：「為什麼許多人一生只能從事一種行業，但是成之在不同領域卻都能得心應手？」我也沒有答案，直到看到了這本「全方位個人競爭力」的書，才恍然大悟，原來許博士和跟他同樣在人生中充滿變化，充滿挑戰，但也充滿成功的劉偉澍先生，是用了寬廣但中道的「智慧」。加上因地制宜的「策略」，以及具體可執行的各種方法（職場的十八般武藝），去面對、接受並掌握了人生中的每一場變局。

　　他們努力的初衷，我想並不是為了要功成名就，而是在無法預料的改變中，有智慧的堅守心中的正向力量，有知識的做出合理的對策，有技巧的處理面對的問題而已，卻也正因為如此，反而造就出了一個平順圓滿，無怨無悔的生命旅程。

我很高興兩位作者願意將他們半生經歷的精華用淺顯易懂的文字表達出來和眾人分享，讓讀者可以有綜合不同領域，貫穿不同層面，卻有核心主軸的思考和行動。也希望他們塑造的精神和方法，能像池水中的漣漪，一圈圈的擴散，為社會帶來更好的明天。

推薦人：方力行　教授

正修科技大學講座教授

國立海洋生物博物館創建館長

台灣濕地保護聯盟理事長

作者序

21世紀的今天，您突然發現，這個世界變了！已經從20世紀的**地球村時代**變成了更進步的**雲端儲存無線網路時代**！

當大人們還正在期待年輕人可以「人手一書」的時侯，卻突然發現大勢已去！放眼過去，捷運上一片人潮，不僅只是年輕人，連一些中年人也都成了「人手一機」的低頭族！錯愕夾雜著驚駭，內心的震撼激盪不禁油然而生！

時代的巨輪不斷的往前邁進，創新與發明不斷成就了大人物、大企業，但請您一定要腳踏實地看清楚它的源頭，那就是，成就偉大人物、偉大企業的核心能力是永遠不會改變的！

本書的目標就是介紹這個永遠不會改變的核心能力，助您創新與發明、增長智慧、圓滿成功！

今天，這個快速物質化的文明發展，正在深化腐蝕人類的健全身心文明，我們要的是一個不同於20世紀的新思維，才能邁向成功之路！

那就是要有：

21世紀全方位思考的超級團隊與個人競爭力！

這是一本21世紀增長智慧的書

因為：

　　智慧就在我們的生活之中，個人生活、家庭生活、學校生活、社會生活，甚至就業工作，由國內到國外，在這個天涯若比鄰的世界村裡，全都少不了智慧，智慧讓我們生活順利、行事通達，甚至心想事成、美夢成真，本書談的，就是這些。

　　兒童青少年時期，身體正在快速的發育成長，腦細胞的增長亦不例外，及早管理你的腦，將能正確引導你腦部的成長發育，使它進入一個全方位有系統有條理的發展狀態，為它後續的堅實穩固打造一個好的基礎，在這個好基礎下，你會有一個智慧的腦，讓你贏在起跑點。

　　中小學生、大學生、企業人士、爸爸媽媽，甚至爺爺奶奶們，好的開始是成功的一半，而且開始就在當下，永不嫌晚，您們開始了嗎？

這是一本獨特創新附合21世紀需要的書

因為：

　　它不是醫學專家或腦神經專家寫的有關腦或腦內革命的書，也不是神經心理專家寫的有關腦經營管理的書，更不是潛能開發專家寫的有關腦潛能的書。這是一位電子電機訊息工程背景轉入知識管理領域的博士教授和三位企業管理專業的傑出經理人，累積了二、三十年自我鑽研體驗的心得，提

出的一本獨特創新的書。

迄今大學沒有關於腦智慧的專門科系，也沒有人是這方面的專家，但是從上述提到的專業和很多其他的相關領域中，都能捕捉到寶貴的鳳毛麟角，整合起來就非常有用。

其實成就智慧腦的不二法門，一是「功能強大」，二是「善用知識」。因此，本書是以大格局的全方位思維，融匯了知識管理、專案管理、腦、神經、電腦與訊息科學、氣功、潛能開發、醫學保健和運動健康等領域的核心知識，綜合而成的一本通俗實用、可以自我實踐身體力行、讓你腦功能強大、善用知識、成就智慧、邁向卓越優秀的好書。

這是為青少年、家長們、大學生和企業人士而推出的聚寶盆

因為：

盧梭說：「青年是學習智慧的時期，中年是付諸實踐的時期。」我們希望這個世界一代比一代過的更美好，基於這個想法，才把累積了二、三十年自我鑽研體驗的寶貴心得寫出來，願現在的新一代，能夠青出於藍、更勝於藍，成為閃耀的晶鑽，在他們的世代中燦爛發光，創造出更有智慧的人類文明。

這本書適合充滿愛心的家長們，指引您走向一個對的愛心方向，莫踏入「愛之適足以害之」的陷阱。

本書適合中學生，學校沒教的，這本書教，讓您有智慧、有能力，走在別人的前面。

本書適合準備就業的大專學生，職場需要的智慧和能力，都在這本書中，是一本奠定個人競爭力基礎的好書。

　　本書適合企業在職人士，以理論基礎幫助您增長智慧，開發潛能，加強您和企業的執行力。

　　這本書的另一本姐妹書：大學用書《核心職能》已于2015年出版，是一本可以進一步加強實務應用能力，讓您在職場叱嗟風雲的好書。

許成之　謹識

目　次

契子

1.「狐群狗黨」不如「狼群狐黨」

狼、狐狸和狗，中國人經常掛在嘴上，拿來形容一個人或一群人的能力或特質。

「**老狐狸**」，中國人經常用來形容一個人的老謀勝算，甚至隱喻有點狡猾奸詐的人物！雖然如此，我們卻不能否認，「老狐狸」通常可是一位做事成功的人！

「**狐群狗黨**」，中國人經常用來形容一群不成才的人。但事實是，狐狸外出，都是單獨行動，從沒見過狐狸是成群在外活動的！

狐狸每天必需要靠自已的求生能力在野外覓食，才能夠活下來，回到自已的窩。因此，所謂「狐群」根本就不存在。狗呢？很少見狗成群結黨，即便有一群狗，戰鬥力也比不上一群狼。

所以，「狐群狗黨」這個詞，只能用來形容等而下之、不成氣侯的三流團體。

「**狼群狐黨**」，是筆者自創，雖然看起來不雅，讀起來也不太押韻，但卻真正代表了一個可以成功的超級團隊。狼都是成群結隊出動的，團隊精神和戰鬥力都很強。所以，如

果團隊中每一個成員都有「老狐狸」的獨立戰鬥力，每一個組織成員團結起來又能像狼群一樣，發揮出統合的戰鬥力，這樣的團隊豈有不成功的道理！

2.領導管理與中華文化

　　由於當前各級學校的教育多不注重「領導與管理」，乃致許多非管理領域的畢業生對「領導與管理」相當陌生，或者認為「領導與管理」是非常專業的領域，就視為畏途不敢碰。然而，「領導與管理」對各種團隊組織以及它的成員而言，都是非常重要的，否則這個團隊組織是難以成功的。

　　在團隊中，每個成員都會同時扮演「領導與管理者」以及「被領導與被管理者」的角色，只不過，在不同的職位上，這兩種角色所佔的比例不同而已。所以，要進入職場，就要研究學習「領導與管理」。

　　即使當了老闆，是團隊中最高職位的「領導與管理者」，他仍然是法律、董事會、監事會或股東會、投資者的「被領導與被管理者」。而即使是一位工作前端的業務員或作業員，是團隊中最基本的「被領導與被管理者」，也必須是自己工作上的「領導與管理者」，要把自己的工作領導好、管理好！

　　要注意，因為每個人的個性特質或性向是不同的，而且目前性向分析的方法很多，因此，自己對自己的個性特質或性向要多作分析瞭解，冷靜實在認真的找出自己「被領導與被管理者」和「領導與管理者」的角色比例，決定自己的定

契子

2
3

位，或是找出可以真正改善自已某種性向特質的方法，絕不要強求自已去作一些非常不適合本身性向的事，那絕對是吃力不討好的。

宇宙有億萬年的歷史，地球有萬萬年的歷史，宇宙之中萬物生生不息，中華民族在地球上已有五、六千年文字記載的歷史，生為中華兒女，要衷心感謝這悠久中華歷史賜給我們的好福氣，這個好福氣就是「中華文化帶給我們的優勢」。

千年流傳下來的儒、道、法主流思想，透過形諸文字的〈論語、孟子、大學、中庸、易經、漢書、孫子兵法〉等，建立了「修身、齊家、治國、平天下」為目標的領導管理規範。

這個好福氣讓華人善於經營管理，對於如何治國治家有先天自然傳下來的優勢。最現實的一個例子就是新加坡這個由華人建立的國家，這個國家的繁榮昌盛在東南亞乃至世界都是有目共睹的。

3.中華文字的先天優勢

　　全世界使用象形文字最多的，大概就只有中華文字，對於象形文字，只要記住每個字的形狀和發音就夠了，而且一個字只有一個音節，中華兒女從小寫字雖然比較困難，但習慣了以後，就會發現中華文字簡潔易懂，特別是許多字還能當成一幅畫來寫，看起來心曠神怡，這是其他民族的文字難以作到的。

　　由於這種獨特的優點，韓國和日本這兩個國家雖然從漢字發展出新的韓文和日文，卻仍然保留了許多漢字，現在日本的招牌和宣傳單上用的漢字最多，就是因為看起來就會令人產生一種激情鼓舞的潛在力量！

　　其他民族的文字，大部分都是用許多符號或字母拼出來，每個字的區別重在聲音音節的變化，有一個音節的字<I、A>，也有多到九個音節的字<Characteristics>，主要靠一個字的言節聲音旋律來顯現它的意義，從小就要練成好的聽力。

　　但是，往往也見到，為了急於完整表達一句話時，又會嫌音節太多浪費時間，以至於在說的時侯又刻意把它截短了，像直升機<Helicopter>就成了<Copter或Chopper>，冰箱<Refrigerator>就成了<Fridge>。

專家已經認為，如果同時併用左右腦分司表達與圖像的功能，將能助長腦細胞的發育，提高腦細胞功能的發展。因此，從小就常使用中華文字，無形中就能強化頭腦的效能。

4.典範就在您身邊

不要認為只有得到「金牌獎」的團隊才是「典範」，也不要認為只有所謂的「偉人」才是「典範」，讓您看來「典範」似乎離您很遠，遙不可及！

其實，別再捨近求遠吧！對中小朋友來說，爸爸、媽媽、叔叔、伯伯就是您的個人典範，家庭、家族就是您的團隊典範。在學校，老師、校長、教練就是您的個人典範，班級、球隊、社團就是您的團隊典範。

對進入大學年齡以上的朋友說來，除了上述家庭學校以外，您會發現很多社會人物就是您的個人典範，企業、社團、政黨、和政府組織，甚至世界各個國家乃至於聯合國，都可以是您的團隊典範。

典範就是可以學習的對象，唯有持續典範學習的心，才是個人與團隊能夠不斷進步、壯大、成功的原動力。

5.正能量潛力無限

　　本書所謂的「正能量」，指的是「正面思考產生的力量」，這是從我們內心自然引發出的力量，這種潛在的力量不容輕視！正面思考表現出來的是樂觀進取，是就事論事，是守正不阿，是擇善固執。

　　處理事情不要一開始就悲觀沮喪，遇到問題不要一開始就怨聲載道，應該理智面對不要人云亦云，走對的路不要輕言放棄，這就是「正面思考」。

　　認真發揮正面思考的力量，產生出正能量的潛力是無限的，如能心有靈犀去領悟體會，必能受益匪淺。

　　俗語說：「趨吉避凶」，其實也是告訴我們，要多親近「正能量」，遠離「負能量」，特別注意，情緒化的「負能量」，小到可以摧毀一個人，大則催毀一個團隊！

（美國明尼蘇達州華人學術與專業協會團隊）

第一篇　21世紀的超級團隊

（美國明尼蘇達州建築設計團隊）

　　本篇主題是針對團隊整體效能的提昇，提出解決方法，並不深入探討團隊中個人能力的培養。培養個人競爭力的部分，將在第二篇中介紹。

　　中國人喜歡用「組織嚴密、紀律嚴明」來誇讚一個「好」的團隊。
　　「超級團隊」指的，就是一個「好」的團隊，只有能夠作到「組織嚴密、紀律嚴明」的團隊，才有可能是個「超級團隊」，才有能力可以成長壯大，邁向成功！

　　「組織嚴密」，指的是一個「超級團隊」在本質結構上需要有的必要條件。
　　「組織嚴密」最重要的原則是：

**　　要有「對」的「人」和「對」的「組織結構」。**

　　「紀律嚴明」，指的是一個「超級團隊」能夠活絡運作、發揮效能的必要條件。
　　「紀律嚴明」最重要的原則是：

**　　要能夠作到「對」的「組織運作」。**

一、對的人

1.領導者的智慧

「領導者」的能力決定一個團隊的成敗，其重要性是不爭的事實，但是也不能說，「領導者」一定必須是飽學之士，才能成功的領導一個團隊。

整體而言，「領導者」，不能僅只靠「領導者」個人的「知識」，他最需要的其實是「智慧」。

而領導者的「智慧」則重在：

「宏觀的眼光」、「邏輯的判斷力」和「用人的藝術」。

1.1. 宏觀的眼光

所謂「宏觀的眼光」，就是沒有個人的傲慢與偏見，具有前瞻和遠見的大格局思維能力。

「前瞻和遠見的大格局思維能力」可以從「目標願景」和「策略規劃」兩方面去分析探討。

沒有「目標願景」和「策略規劃」的團隊是不可能成功的。但是，雖然「目標願景」正確，如果團隊的領導者欠缺「宏觀的眼光」，其「策略規劃」將會缺乏足夠的前瞻性和大格局，這個團隊即便能成功也難以長久。

領導者要有「宏觀的眼光」，才能依據團隊的「目標願景」去完成一個可以正確領導團隊邁向成功的「策略規劃」。

1.2. 邏輯的判斷力

一個優秀的「領導者」，通常會從以下四個方面去建立並且強化其「邏輯的判斷力」：

（1）心中要有百把尺

對於團隊中重要問題的決定，領導者要建立一個「是與否」的邏輯準則，這是領導者必須經常放在心中準備好的一把尺。

針對不同類的問題，心中也要有不同的尺，尺用的對用的準，問題就能處理的好！

尺每用一次，就要檢討使用後的效果，然後根據使用後的效果，把這心中的一把尺進一步修正校準，經常如此不斷的練習，就能鍛鍊出您的能力，不僅尺能夠修正的更準確，同時也自然會熟能生巧，產生更好的使用效果。

（2）條條道路通羅馬、殊途同歸

解決問題的方法絕對不會只有一個，而且不同的人也通常有他自已最擅長使用的解決方法。

因此，只要大家最終的目標是一致的，就可以殊途同歸，條條道路通羅馬，即便解決問題的方法不盡相同，也是可以達成一致的目標。

（3）異中求同、同中求異

很多領導者遇到團隊成員有不同的意見時，往往馬上感到難以處理，甚至心生急燥。但如果能以「就事論事」的態度去面對，採用「異中求同、同中求異」的作法，事情就很容易找出解決的方法。

「異中求同、同中求異」，其實就是就是問題分析解決的基本原理，也是溝通岐見找出結論的最好方法。

分析問題的時侯，愈往下細分，你會發現「異中一定有同，同中也一定有異」。

把「異中的同」和「同中的異」看明白搞清楚，看明白其重要性，搞清楚其影響力，兩利相權取其重，兩害相權取其輕，求得「最大的同和最小的異」，答案就不難找到。

1.3. 隨機應變、見機行事

事情在處理的過程中，一定會有預期之外來自內在或外在的變化因素出現，如果不能隨機應變、見機行事，適時把這些內、外在的因素處理好，很可能就會半途而癈，事情無法再繼續作下去，甚至產生不可收拾的後果。

所以事前除了計畫周詳外，也一定要作可能的風險評估與解決備案，才能控管在事情的處理過程中由於內、外在變化因素所造成的風險損失。

1.4. 鼓勵與提振土氣

要作一個成功的領導者，必須具備「鼓勵與提振土氣」的特質與能力。

如果沒有「鼓勵與提振土氣」的特質與能力，請您儘速去學習，建立自己的特質與能力；如果自己不能學習「鼓勵與提振土氣」的特質與能力，請您儘速去找有「鼓勵與提振土氣」特質與能力的代言人。

但是，如果沒有「鼓勵與提振土氣」的特質與能力，又拒絕學習或找代言人，就請您拒絕當領導者，不要自不量力，因為您將注定是一位不成功的領導者。

有智慧的人會選擇作一位「成功的被領導者」，而不是一位「不成功的領導者」。

2.用人的藝術

（1）因事設人與因人設事

　　對一個團隊而言，除了財務管理以外，最重要的就是「人」與「工作」的管理。但是很多企業組織卻認為「財會」和「人資」這兩個部門不是生產賺錢的單位，而不加以注意，就會產生問題。

　　所謂「因事設人」指的是依照工作的需要去找對的人，這是正確的作法，有助於團隊的工作績效與發展。

　　因為沾親帶故，很多企業組織選擇了「因人設事」，對團隊發展而言，「因人設事」是一個負面的潛在危機，一個團隊中，「因人設事」的情形愈多，這個團隊愈難以正常運作壯大。

（2）學以致用與學習創新

　　在學校學的，理所當然是以基本原理的理論為基礎，基礎學的堅實以後，再學習由基本原理的理論應用發展到實務的處理上，不過究竟是各行各業的實務應用太多了，要想在有限的求學期間完全都經歷到，是不可能的事！

　　因此，新人進入工作環境前的心情固然是渴望「學以致用」，但進入工作環境後，還是會遇到很多以前沒有見過的

實務問題，需要去面對解決。

這時，除了「學以致用」外，只有「學習創新」的研究精神，去發揮自己的知識能力，面對問題，解決問題，拓展工作的效能，降低成本，創造利潤。

老闆期待的員工固然是有能力「學以致用」與「學習創新」的人，老闆自己更要自我要求，身先士卒帶頭示範「學以致用」與「學習創新」的實踐。

二、對的組織結構

　　組織結構的型態類別很多，不再贅述討論，但只有一個重點關鍵，那就是：

　　不論組織結構的型態如何，垂直型也好、水平型也好、功能型也好、矩陣型也好、扁平型也好，只要組織的結構能夠和組織的「目標願景」、「策略規劃」、「行動計畫」和「效能」這四個要件能夠作到緊密結合，就是一個「對的組織結構」。

　　所謂「緊密結合」指的是：

　　各部門之間，不論是左右、前後、上下或對角線的聯繫，或者是前鋒與後衛、內與外的相互聯繫，「目標願景」、「策略規劃」、「行動計畫」和「效能」這四個要件在組織運作上，一定要能夠作到彼此之間是緊密結實、天衣無縫的環環相扣。

三、對的組織運作
1.建立評量指標

「評量指標」是非常重要的管理工具，是推動組織運作的重要關鍵，從上到下，各階層、各部門、每個人，針對每件重要的事情，都必須建立明確的「評量指標」。

在「目標願景」的引領下，首先要針對「策略規劃」、「行動計畫」和「效能」這三個要項，建立明確的「評量指標」。

接下來，針對「目標願景」和「策略規劃」之間、「策略規劃」和「行動計畫」之間、「行動計畫」和「效能」之間的關聯性（即因果對價程度），也要建立明確的「評量指標」。

以這樣的程序作出來的「評量指標」去作檢驗因果對價的程度，才能作到環環相扣、緊密結合的組織運作，才能激發出團隊成員的潛能，發揮出團隊的強大力量。

重要的評量主題必需要優先建立它的「評量指標」，而且「評量指標」要有質化和量化的詳細陳述。

2.暢通溝通與平衡

　　「溝通與平衡」是團隊運作中最重要、時時刻刻都需要的潤滑劑，甚至可以說，從一個團隊在「溝通與平衡」上所作的努力加以評估，可以預見這個團隊未來成敗的可能性。

　　以下從「評量指標」的建立來說明「溝通與平衡」的應用和重要性。

　　「評量指標」的建立，是團隊全體人員和所有部門都必須作的重要工作，這個工作需要腦力激盪、精確定義，通常耗時耗力，當然也是一件不容易作的事，因此，從上到下各級領導人，都必需要特別注意「溝通與平衡」。

　　溝通的技巧，在劉偉澍／許成之著《核心職能》中有詳細的介紹，只有透過充分的「溝通」，領導人才有可能深入瞭解「評量指標」的細節和成效的品質，否則訂出來的「評量指標」是沒有多少價值的。

　　「平衡」指的是三個重要事項的平衡：

　　一是「人力運用」的平衡，二是「財務運作」的平衡，三是「效果的利和弊」的平衡。

　　「平衡」跟「溝通」放在一起，是提醒您，「溝通」時

要注意「平衡」，不注意「平衡」的「溝通」，結果就會大打折扣，甚至產生錯誤！

3.不斷檢討與改進

　　「檢討與改進」是超級團隊的催化劑。

　　但一般常常見到的是，人人放在心裡、掛在嘴上，真正去作到的不多，特別是有傲慢和偏見個性的人，以及經常把「沒有時間」當藉口的人！

　　作錯了，礙於面子不檢討改進的人也很多！其實，作錯了就要檢討改進，沒有任何理由去規避！但是別大意，作錯的過程中也可能有對的地方，必須保留。

　　作對了，不代表您作的過程中完全都對，其中有不對的細節，也要檢討改進，而且要記住，只有精益求精，不斷向前，才不會被人追上！自滿於現況，就會喪志頹廢！

4.建立團隊文化與品牌

　　「好的團隊文化」可以無形中產生團隊內部的凝聚力，強化團隊的效能！成功的領導人不能漠視自己團隊的文化，有責任去建立「好的團隊文化」！

　　「團隊品牌」可以凝聚顧客的向心力，擴展團隊的外部形象！將「好的團隊文化」轉化成好的「團隊品牌」，「建立好的團隊品牌」也是成功領導人的責任。

第二篇　21世紀的個人競爭力

一、人——萬物之靈

　　人因為有功能強大的腦，才成為萬物之靈。

　　如果一個人躺下來和一隻蝦做比較，你馬上就能看出有明顯的不同之處。人的腦不僅大，而且有密密麻麻的神經系統，透過脊椎連接到人體的全身各處。蝦只有幾乎看不出來的腦和簡單的神經而已。

　　但當一個人和一隻猿猴躺下來做比較，你就幾乎看不出有甚麼大的差異，那為甚麼猿猴就不是萬物之靈？

　　因為人的腦在容量上、功能上和複雜度上都超過猿猴的腦，而且特別是人類額頭部位的腦比猿猴要發達，具有創新發展的能力。人腦可以將我們的身體管理的很好，進而開創了當前的世界文明，猿猴就沒有這個能耐，所以人是萬物之靈。

　　功能強大的腦是怎樣來的？依照進化論的說法，是人類億萬年下來演化進步來的。也就是人類經年累月持續不斷的改良進步，一代傳一代演變而來的。

　　現在我們都看到，賓士汽車很有名，但最早卡爾·弗裡德利希·賓士先生發明的汽車只不過是一輛小而簡單的三輪車，車輪子還是木頭製的，經過了七年以後，才改進成為好用的四輪車，又再經過了六年之後，才改造出一輛賽車。這一段演變進化當年在德國就花了十三年，而且，即使是當年

經過十三年演化改進而成的高級賽車，也不符合現代的車輛檢驗標準。

上一段述敘的目的，主要在於說明和呼應一個事實，那就是：

知識的演變進化是一種內在持續進行的修飾過程，人腦的演變進化，道理亦復相同。

不論時間長短，就像要琢磨出一顆亮麗值錢的晶鑽，只要肯細心琢磨修飾，最後它就會更閃耀，就有進步；如果琢磨修飾的快，它也會很快就更閃耀，更有價值。

以當年十九世紀末期的知識和物質條件，卡爾·弗裡德利希·賓士先生的腦，要花十三年的時間才發明出製造一輛賽車的知識，而這個原始的車輛製造知識，又繼續不斷經由更多人的精進努力，發展到二十世紀中期，才能成為公開而且完備的車輛製造知識。現在，只要有充足的物質條件，生產出一輛合乎現代二十一世紀標準的汽車，恐怕只要一個星期就夠了。

這說明了，人腦和知識都可以被琢磨修飾演化而進步的更亮麗，更閃耀，有更高的品質和價值。

身為萬物之靈的人類，您的腦具有無窮盡的潛在能力，等待您去用心琢磨修飾，持續去發揚光大！

二、從「心」開始

　　「心」這個字挺有趣，中國人經常會把「心」這個字掛在嘴上，用處多，而且用起來順口的很。

　　但是，中國小朋友和老外剛學「心」這個字的時侯，卻沒那麼喜歡，總覺得寫不好擺不正，而且又搞不懂為甚麼有一大堆和「心」有關的用語，像是「小心」啊！「用心」啊！你的「心」到那裡去了啊！等等，因為這些「心」指的根本不是我們的心臟！而且看不見又摸不著！

　　還有，「心」又怎麼會指的是專注力或頭腦呢？直到他們真正搞懂以後才體會到，這個「心」字可真是中國文字中既容易寫而且又學問大的一個字。

　　其實，「心」這個字，除了實質上指的是「中心」或「心臟」之外，引申出來的意義，則是重在強調：「頭腦要專注」。

　　中國有一句名言：「天下無難事，只怕「有心」人。」但是若僅靠「有心」，那還不夠，最後未必就能成功，做到「有心」只是一個好的開始而已。中國人還有另一句名言：「好的開始是成功的一半。」「有心」只能讓您在成功的路上走到半途而已！

我們現在來看看，中國有學問的老師父是怎麼教徒弟的：

「徒弟啊！你今天有心來聽我的課嗎？有「真心」？有「誠心」？有「用心」？有「專心」？有「守心」？有「定心」？有「收心」？沒有「分心」？有「費心」？有「盡心」？好！現在若能再加上一個「妙心」，你就可以運用之妙、存乎「一心」囉！」

上面這句老師父的話，就是我們能夠做到「頭腦專注」的訣竅和自我力行實踐的法門。

它告訴我們：

頭腦帶來了，沒有好好的專注，就沒有好的效果，要經過上述各種真、誠、專、守、定、收、費、盡等等的專注過程，你才可能到達「妙心」、「一心」的境界。少了一樣，您可能只得到99%的效果，如果少的多，那當然效果就會更差。

坦白說，只有老僧入定才能有「妙心」的境界，兒童青少年時期，只有靠自己勤於訓練，勇於實踐，持之以恆！

所以，

要有智慧的腦，首先就要展現一個「新的開始」，那就是要從「心」開始。

三、腦的基本認知──切記在心
1.幼兒青少年期，腦發育快速

　　生物在生命開始的階段，細胞增長的最快，人類也不例外，所以幼兒青少年期腦的發育也很快。腦發育的快，腦細胞增加了，腦容量也增大了，這是生物生命的自然現象，不足為奇。但不能說因為腦容量增大了，就變的聰明了。

　　重要的關鍵是，這個時期，腦細胞裡面有沒有裝入讓您變聰明的東西？

　　神童就是一個明顯的案例。神童在中外的歷史中早有記載，近代，媒體也不時就有關於神童和天才兒童的報導。

　　為甚麼有神童？

　　合理的推論還是上面說到的「頭腦專注」。神童在腦的快速發育期間，因為鑽研某個有興趣的主題而認真的專注投入鍥而不捨，與這個主題相關的腦部位就會順勢而起超快發育，如果再加上好學又好問，這個有趣主題方面的知識就會大量累積到他的腦海中。

　　即使是天賦異稟或來自遺傳基因，也需要「頭腦專注」和「長時間的堅持」，才會成為神童。

　　如果小朋友們能像上述一樣的「頭腦專注」和「長時間

的堅持」，也會有機會成為神童。可是當小朋友的腦全面快速發育的時候，腦各個部位的功能都會引發有興趣的主題，讓小朋友應接不暇難以取捨，要談專注和堅持確有困難。

而且，「專注在特定的主題」也是一種堅持不懈的自發性作為，不是被迫、被逼、被誘導或啟發就一定可以做到的。

2014年中，網路上曾熱傳「他生下來就已經五千歲了，神童郝笛」，13歲成為中國文博學會專業委員會年齡最小的會員。觀其內容可知，生下來就已經五千歲了，未免誇大無據！但他能在5歲的時候就已經開始迷戀上古代文物，自小就有著在同齡孩子身上少見的安靜，而且智商奇高，給他買的玩具他會看都不看一眼，這些點出他自小就具備的與人不同之處，倒可能是很實在。

網路上形容他是這樣的一個人：

上學以後，郝笛常常深夜才回家，問他，就說去看朋友了。和什麼朋友能玩到這麼晚呢？當家人打電話過去，發現朋友竟是位70多歲的老人。而那個時期，他身邊的都是這一類的朋友。

上初中時，郝笛常常會蹺課，躲在家或圖書館，研究考古和歷史的書籍，例如《二十五史》、《銅元詳考》或是《中國古幣》等等，一學期下來，郝笛在學校的到考勤只有幾個星期而已，不是個全心在學校上課的孩子。

12歲時，發現了「白金三品」和「魚腸劍」之後，他已有能力撰寫出《發現魚腸劍後的探索》和《棘幣初探》等多

篇論文。郝笛一有空閒，就會經常出門，到河北、山東、陝西、甘肅、寧夏、山西、北京等地，帶著資料或帶著課題，去找他自己所需要的東西。北京的琉璃廠、潘家園等地經常會有他的身影。

可見，這是郝笛自己的專注和努力，成就了他自己。

有一個美國華人家庭出了三位神童，他們的母親說，她們作父母的從沒有要求孩子們走那個方向，只不過是盡力去滿足他們需要的協助而已。

當然，父母親對孩子們從旁協助和適切誘導啟發的愛心，也往往讓孩子們感受到極大的鼓勵和產生堅持下去的動力。

小孩的腦正在快速發育期間，因為他有興趣鑽研某個有興趣的主題，認真的專注，與這個主題相關的腦部位就會順勢而上，可以超快發育，加上他好學好問，所以這方面的知識就會大量累積到他的腦海中。

如果其他小孩也能像他一樣的專注去作，也會成為神童。可惜99.9999%的小朋友都是喜新厭舊、不會專注。

1970年代個人電腦剛出來的時候，隔壁的長子就成為村子的電腦神童，但因為電腦發展太多，他這個神童後來也沒神起來，反而發現他跟同輩的年輕人有溝通上的問題，讓他的家長頭痛了很久。

諾貝爾化學獎1985年得主傑羅姆・卡勒（Jerome Karle）
給中國家長們的信中是這樣寫的：

　　「我非常不願意建議家長們如何教育他們的孩子，我要
說的只有兩點：一是支援孩子們對未來職業的選擇，即使在
他們讀書時會改變好幾次。第二，我見過許多家長企圖代替
孩子們選擇未來的專業，這種企圖會傷害孩子與家長自己，
並最終失敗。」

2.多用腦，功能就發達，不用就退化

　　維持人類身體各部分的成長，不是一件簡單的事，身體的每個部分都需要血管補充營養，也都需要神經來連結到腦部，那麼，哪個部位需要較多的血管和神經呢？對這個問題，身體有一個簡單的法則去處理，那就是：

　　你要有「求」，才有「應」。

　　因此，求的多，應的就多，不求就沒有應。所以，如果腦的某一項功能用的比較多，掌管這個功能的部位就會因為血管和神經長的健全而發育的好，功能也會更發達。相對的，少用或不用的部位就會長的不好，其功能也因此會退化。

　　天才不就是這樣產生的嗎？對照看看，哪一位名列前茅的人不是這樣產生的？諾貝爾獎得主不能例外，而奧林匹克金牌得主又何嘗不是呢？我們身體各部分組織的反應就是這樣，多用腦思考或記憶，腦就會茁壯進步的很快。每天勤練腳力，腳的肌肉、神經和骨骼就會長的好、長的快。

三、腦的基本認知──切記在心

3.三腦合作，功能最強

　　三腦指的是左腦、右腦和間腦，左腦的一個重要功能是語言的理解和記憶，而右腦的一個重要功能是圖像的理解和記憶，間腦的主要功能是左腦和右腦的溝通。三腦合作，功能最強。

　　這用「問路」來做為案例說明，最恰當不過了。

　　別人問您路的時候，如果帶了地圖來，您對著地圖指指點點，很容易就能把路怎麼走說清楚。問路的人也能看著地圖很快就明白了路要怎麼走。若沒有地圖可以看，也沒有可以畫圖的地方，那您就往往需要大費口舌，才能把路該怎麼走說清楚。問路的人往往也不能很快就清楚的明白路到底要怎麼走。

　　對著地圖說、看著地圖聽的時候，三個腦都用，所以效率高，很快就能說清楚、聽明白。用說的沒圖對照，就只用到左腦，右腦、間腦都沒用到，當然效率就差。

　　所以現代知識性的書都會儘量作到圖文並茂，以增加可讀性。看電視報新聞就比只聽無線電報導要受歡迎。聰明的學習者，會選擇圖文並茂的書。看文字的時候也會順手畫個圖、寫個字，都能增加學習和吸收的效果。所謂有人可以「一目十行，過目不忘」，不無道理。

所以學習或閱讀的時候，如果能夠多注意三個腦的組合運用，將可以加快理解吸收的速度。而且，中文文字具有圖像的特質，特別是繁體字，字有時可以不是寫出來的，而是畫出來的，特別是幾個字合成的詞或句，更容易畫的像一個圖像。

　　這兒的「意念」指的是「一個剛開始尚未深思的直覺、念頭或感覺。」其中，感覺是來自身體五官的觸覺、味覺、嗅覺、聽覺和視覺。

　　幼兒青少年時期，分析判斷的功能尚在發展，但對於五官產生的感覺和無端冒出來的直覺卻非常敏感，這些感覺和直覺常常並不準確，卻往往會成為他／她決定下一步行動的依據。

　　舉一個有趣的例子，一個小朋友用手抓東西吃，爸爸看到了，就說：「小毛，有湯匙不用，又用手抓，把手都弄髒了，先去把手洗乾淨！」，過一會，小毛吃東西沾到嘴邊，媽媽說：「小毛，嘴怎麼那麼髒！還不擦乾淨。」吃完了飯，小毛說：「我的手和臉都弄髒了，要去洗乾淨。」

　　吃的東西為甚麼會把手弄髒？同樣的，吃的東西吃進嘴裡就乾淨，但沾到嘴外就變髒了？這些當然都是語病。是隨著感覺走，未經思考之故。

　　人們對於時間的感覺就更是南轅北轍，如果不看手錶或時鐘，那就絕對算不準時間。當我們專心於一件事的時候，總會覺得時光飛逝、時不我與。譬如說看一本精彩的小說，

很想一口氣看完，往往就是事與願違，二個小時一下子就過去了，還沒看完。而當你等人的時候，越是心急如焚、頻頻看錶，越會覺得時間過的太慢，心中也會一直唸著：「怎麼到現在還不來？怎麼等了半天還不來？怎麼……？」，事實上，就算只有五分鐘、十分鐘的等待，感覺上卻會像是度日如年！

當然，對於時間的感覺，還有一件更奇妙的現象，那就是，當您心無旁騖、專心看著手錶的秒針一秒一秒的轉動時，越能專注就越覺得秒針似乎越來越慢，感覺上時間好像停止了，您也會產生心如止水的感覺。所以，下次您等人等的心急如焚、頻頻看錶的時候，不妨學學這一招，包你會注意力移轉，激動的情緒也就會平靜下來。

尚未深思的意念往往是不正確的，錯誤的意念一旦觸發腦的功能，就會讓腦進到一個錯的處理過程，長久下來腦就會習以為常，根深蒂固的話就往往造成浪費時間精力且徒勞無功的後遺症。

有空不妨自我檢視一下，把自己經常會產生的意念寫下來，先思考分析一下，看看那些是不好的、負面的。再進一步思考分析一下，下次當那些不好的、負面的意念再出現時，自己可以用那些好的、正面的意念去替代。之後，就不斷的練習去作，不久您會發現，對的選擇會越來越多，好的收穫也會越來越多。

5.情緒化可能對腦造成傷害

情緒也是腦的正常功能之一，但負面情緒如果用的多，特別是大哭、大吵、大鬧、大悲、大怨、大恨、過度恐懼、憂慮不止之類的情緒化爆發，負面情緒功能過度受到刺激，就可能對腦造成傷害。很多精神疾病的發生，都把負面情緒列為是一個可能的誘因。在IQ智商之外，心理學家也強調EQ情緒商數的重要性，EQ本質上指的就是自我情緒控制的能力。

減少負面情緒最簡單的方法，就是經常設法增加愉悅、安詳、快樂等正面的情緒，經常注意自己的EQ是否正常。

有人經常笑口常開是一件好事。有人喜歡講幽默風趣的話或做滑稽的行為舉動，引人發笑。有人喜歡聽笑話，聽得不亦樂乎。更有人說一笑解千愁，每天練笑笑功，讓你身心澈底放鬆，經常大笑可以延年益壽不會老！可見幽默風趣和笑也是抒解情緒的好方法。

負面的情緒永遠是我們最大的敵人，永遠把負面的情緒拋到九霄雲外去！

6.營養與保健是智慧腦的基礎

　　相對與身體其他器官，腦的結構相當軟弱，腦需要的營養比較特別，腦容易受到血管和神經的影響，也容易受到一些食物、飲料和藥物的傷害。

　　所以，頭部要保護好，不要受到外來的傷害，這方面的傷害往往會無法復原，造成終身遺憾。要多吸收氧氣和磷，維護腦細胞的正常發育，適當的運動和營養補充是必要的。不要抽煙、酒不能過量。麻醉和傷害神經的藥物或植物絕不能碰。要注意高血壓和亂發脾氣容易引起腦血管破裂，也會造成腦部內傷，影響腦部功能的正常運作。要學習抒解壓力，避免自己想不開或自尋煩惱。按摩穴道、冥想和靜坐也能對腦有相當的助益。

　　為了成就智慧的腦，營養與保健是必要的基礎，這方面的專業知識當然要有充分的認識和瞭解。

　　本章只能算是畫龍點睛引君入門的，提出一些多年學習體驗到的重要事項，對於本章中提到內容，建議讀者多去找專業的資料深入瞭解。特別是腦和神經的基本構造和功能。

　　如果這方面的知識越紮實穩固，對自己的腦瞭解的越清楚，就越容易親近您自己的腦，靈活運用自己的腦，發揮

出它的潛能，對於成就一個智慧的腦，一定會有意想不到的妙用。

　　介紹您一個非常好的網站，就是：「小小神經科學Neuroscience for Kids」。不妨先從這兒開始。

　　有名的大學認知神經暨心理科學教授洪蘭女士，就說過兩句智慧的話：

　　（1）「閱讀可以啟動神經機制，活化大腦。」
　　（2）「要提升學生的閱讀力，促進學習，應該從小開　　　　始打造閱讀習慣，主動學習。」

四、智慧是甚麼？

　　一個實體的東西，有形有體，看的見摸得著，很容易說清楚講明白，得到一致的共識。抽象的東西往往都看不見摸不著，只能透過語言和文字加以描述。語言和文字的可貴固然在於可以將抽象的東西言傳意會，但由於專業領域的不同、認知的不同以及個人體驗的不同，就往往難以得到一個大家都同意的說法或定義。

　　智慧二個字就是一個抽象的東西，而且是非常的抽象，雖然在中國文字中早就常見智慧這個詞，妙用很多，用起來順手，說起來也順口，非常討人喜歡。早年，經常見到洋洋灑灑的智慧花朵或智慧語錄，用來啟人心智助人向善。近代則是任何東西加上智慧兩個字，身價就不同了，從智慧風扇、智慧冰箱、智慧建築到人人喜愛的智慧手機，不一而足。

　　既然，智慧這個詞到現在還沒有一個專家學者都認同的定義說法，一般人硬要去搞懂，就像是進了大觀園，最終還是霧裡看花罷了。所以不是專家學者的人就換一個旁觀者清的說法吧。

　　學管理的人喜歡一個有關「管理」的簡單說法，那就是：「正確的人在正確的時間，正確的地點，做正確的

事。」

順著這個說法，智慧就是「**正確的人在正確的時間，正確的地點，做正確的事，得到正確的結果。**」

也可以說，人、時、地、事、果都正確，就是智慧。更進一步看，如果要能作到人、時、地、事、果都正確，那就需要一個功能強大而且能善用知識的腦替你做事。

把這個說法套到每個有智慧的人和事上，還蠻正確呢！十七個世紀以前，中國歷史上的孔明借箭和空城計，就是一個個人具有智慧腦的最佳典範。而且，若是一個腦不夠用，很多腦合起來，也能成就一件有智慧的大事。一甲子以前，第二次世界大戰末期有名的諾曼第登陸，就是集合了許多智慧腦而成就大智慧的最佳典範。

大智慧固然驚天動地，小智慧在日常生活中也屢見不鮮。一個電視卡通看完，保羅覺的腦袋撐大了，學到了有用的東西，很高興。瑪麗覺得看的心曠神怡，吵著還要再看一次，也很高興。捷運上，有專心看書的，有閉目靜坐的，也有不少打手機電玩的。再把「正確的人，正確的時間，正確的地點，做正確的事，得到正確的結果」這句說法拿來套一下，人間聰明智慧之高下不同，也就由此可見了。

　　智慧的基礎來自善用知識，所以，首先要有足夠的知識，才能談到善用。生命一開始，除了遺傳基因的本能外，人就從五官的感覺不斷獲得知識。眼的視覺、耳的聽覺、皮膚的觸覺、口的味覺和鼻的嗅覺都經常把單純的數據資料資訊或有系統的知識送進我們的腦中，隨著歲月而不斷的吸收增長。

　　別以為五官的感覺都是一樣的準確可靠。五官的感覺中，只有眼的視覺最實在，眼見到的不僅是自己看得見、別人也看得見，還往往是摸得著、別人也摸得著，可以「眼見為憑」。其他四官的感覺就完全不同，從聽覺、觸覺、味覺到嗅覺，就一個比一個不準確不可靠了。

　　談到味覺、嗅覺的不可靠，有二個現象必須指出來：一個現象是，大人懂得從營養衛生上去選擇要吃的東西，小朋友卻多憑吃起來好不好吃和聞起來香不香來決定吃不吃。另一個現象是，味覺和嗅覺都有感覺遲滯的現象，剛吃了很甜的，再吃不太甜的，就覺得沒甜味；剛吃了很鹹的，再吃不太鹹的，也覺得沒鹹味。剛吃了很鹹的，再吃不太甜的，又往往覺得太甜。那您心中的一把尺要怎樣去衡量呢？

　　人的五官感覺都有它的極限，眼睛只能在一般的光度下

看東西，光度太強，眼睛會受傷，不可睜開。光度暗，眼睛就會看不清，愈暗就愈看不清。眼睛也只能感應從紅光到紫光的範圍，紅外線、紫外光以外的光就看不到了。此外，遠的東西看起來變小了，也愈遠就看不見了。還有，快速移動的東西從我們眼前經過，我們也看不清楚。

其他四官的感覺極限，這兒就略過不提了。以上論及五官感覺的不可靠和極限，只是為了拋磚引玉，希望能一語驚醒夢中人，迸出智慧的火花。

一位名家就說過一句有智慧的話，頗有道理，值得玩味，寫在這裡，不妨慢慢的品嚐體會：

「感覺到的是第一手的資料，要探求資訊的真。資料經過整理後才成為有用的資訊，要探求資訊的善。資訊要系統化成為完整的知識，要探求知識的美。知識要勤於應用，才能淬煉成為高密度的智慧，那就是妙。」

2.完整的知識

　　對任何人而言，知識不是存在於自己的腦中，就是存在於身外的環境中。所以腦通常會有四種自然的行為現象產生：

　　一是把自己腦中的知識應用到身外的環境中；二是自己腦中的知識應用到身外的環境時與外界的互動溝通；三是把身外環境中的知識吸收到自己腦中；四是自己腦中新舊知識的整合與融會貫通。

　　簡單的說，

　　腦經年累月在做的事，主要就是應用、互動、吸收和整合等四大過程。這四大過程口斷的循環反覆，腦的功能因此日益茁壯，知識趨於完整，應用知識的能力提昇，智慧也因而成長。

　　2014年11月諾貝爾化學獎得主威廉·依斯柯·莫納爾（William Esco Moerner）訪台，他鼓勵年輕人儘量跨領域，學習所有可以學的東西，因為近年來越來越多重要的科學發展，都是打破領域的藩籬，才得到耀人的成就。

　　莫納爾的研究，跨越了物理、化學、生物等多個領域。他一直都是個「跨界專家」，從小在家愛自己組收音機，在

自家後院玩化學，大學時主修電機，卻加修了物理和數學，最後是拿了三個學位畢業，研究所時接觸的是分子科學，進入IBM實驗室後，投入了生物領域，現在則全力研發解析度更高的顯微鏡，也致力於亨丁頓舞蹈症成因的了解。

莫納爾也提到，從事科學研究一定會遇到挫折和失敗，然而重點是不要氣餒，而是要瞭解原因和為甚麼，要看看能不能從挫折和失敗中找到新的方向，讓挫折和失敗變為成功的轉機，從失敗中學習如何成功，找到成功的新方向。失敗正是開啟新路徑的未知驚喜，碰到失敗，就是學習和前進的時機。

3.注意差異，自我定位

　　自我定位就是在外界的環境中與別人做一個比較，看看應該把自己的能力高下放在那個位置。就像王陽明說的「吾日三省吾身」一樣，能夠經常自我定位，自然就產生活化腦功能的效果，增長智慧。

　　在外界環境中定位，先從經常接觸的小環境開始，看看自己和這個小環境中其他的人有甚麼差異。這可以先從一些重要的知識能力上做比較，看看自己是排在第幾名，是第一名的，不要自滿，看看自己還缺甚麼？不是第一名的，分析一下比第一名的少了甚麼？思考如何迎頭趕上。如果排名在後半段，那可能表示你努力不夠或努力的方向或方法要檢討改進才行。

　　如此，也就是所謂的「知己知彼、百戰百勝」，但首先要注意到能力差異和自我定位。

　　網路上有所謂的「生命靈數」，是一個非常好的分析工具，也有認識自己的十大方法等，不妨善加利用。

　　那麼，在「知己知彼」之後，如果發現「己不如彼」，那要怎麼辦？這個狀況是非常可能的，但絕不是退縮、害怕、憤怒、怨恨、嫉妒、生氣等負面情緒可以解決的，或許

在負面情緒發洩疏解一下後，就該坦然面對現實，積極謀求解決之道。何況「知己知彼、百戰百勝」這句話中就包含了己不如彼和己彼相當兩個狀況，那就體會下列這些偉大的格言和許多歷史上成功的故事吧！

「以柔克剛、以弱制強」、「以一當十、以十當百」、「精誠所至、金石為開」、「鐵杵磨成繡花針」、「愚公移山」、「小兵立大功」等等，還有偉大的「孫子兵法」，都值得參考。

在這兒，還是要特別強調，

正面情緒的重要，愉悅的思考是不會用腦過度的。

一些名言，如「居安思危」，如「風雨中的寧靜」，如「處變不驚」，又如「危機就是轉機」，還有一句最美的詩：「山窮水盡疑無路，柳暗花明又一村」。就是因為那一絲智慧的EQ意念，就能讓你否極泰來脫離困境，甚至帶來改變你一生中命運的好運道。

曾經是中國有名的「嶺南女畫傑」，後來成為中國佛教天臺宗第四十五代傳人，也曾是二十世紀著名教育家的曉雲法師，一生強調「自覺」兩個字，並倡導「覺之教育」，就是從人的自我反省和理性出發，重視心性調攝淨化、潛能開發和智慧增長的人本教育，可以擴大思惟空間，讓人更成熟、更理智、更肯定自己，進而達成自我實現的目標。

1990年，曉雲法師創辦的華梵工學院開始招生，後來擴大為華梵大學，這是中國第一所佛教界設立的大學。當年，這一位堅持自己不設寺廟、不當住持、不濫收徒眾的比丘尼，是怎樣做到的？

　　請看這個傳奇人物的感人故事。

　　本名是游韻珊的姑娘，1912年出生於廣州市，幼年時期即常隨祖母念經禮佛，並且在私塾學習傳統儒學教育，得以在古典詩詞方面奠定了良好的基礎。從香港麗精美術學院及南中美術研究所畢業後，在香港教書，拜名師深造畫藝，並以「雲山」為筆名在香港舉辦個人畫展，成為當年中國有名的「嶺南女畫傑」。這個時期，她開始到佛教菩提場聽經，抗日期間皈依佛教，在中國大後方名山大川旅行，描繪風景山水畫作，義賣作為旅費，餘款悉數捐出濟貧興學。

　　36歲時，她前往東南亞旅行，瞻仰佛教聖跡，由越南至高棉吳哥窟，再經新加坡抵達印度，任教於印度泰戈爾大學美術院約四年，講授中國繪畫藝術。這段期間，她得以接近印度藝術大師阿邦寧及其大弟子難陀婆藪院長，也參訪了佛陀行蹟聖地，並曾攀登喜馬拉雅山作畫，這幅畫是畫在布上的，看起來卻和相機照出來的一樣傳神。39歲回到香港，創辦了香港雲門學園以及原泉出版社，並與席聽聞倓虛法師講《法華經》，修習天台教觀與止觀法要。

　　44歲出國考察世界著名文化教育機構，三年間遊歷了32個國家。返港前夕，先在印度削髮易服，抵港次日即依止倓虛大師出家，時年47歲，法號能淨、念淨，字得超，別號曉

雲、默玄，成為中國佛教天台宗第45代傳人。

48歲時，她在香港創辦了慧仁和慧泉小學，收容大陸來港難民的子女，也創辦了香港佛教文化藝術協會，並首次在政府電台講授佛教文化藝術。49歲又先後創辦蓮華夜校和慧海英文高中，為農民文盲子女輔施教育及推廣社會教育。

55歲從香港來台灣，在中國文化大學擔任永久教授，也在陽明山的永明寺和大湖法雲寺講經，後曾任中國文化大學佛教文化研究所所長，並創辦了蓮華學佛園和華梵佛學研究所。這段期間，除了致力於尼僧教育和研究教學之外，也積極促進國際交流。66歲到76歲間，她再次到20多個國家參加了23次國際會議，並且都發表論文，在當年佛教界，是一位與國際佛學社群往來最頻繁的代表人物。

她具備理事圓融的個人修為和充滿教育熱忱的奉獻精神、豐富的傳奇閱歷、堅毅篤實的禪師風範、以及感人的佛學藝術修養，讓她在臺灣寶島廣結善緣，得到社會大眾的讚譽和支持，因此在她提出要繼續辦大學的時候，很多人都願意慷慨解囊、共襄盛舉。

一向作風平淡的她，直到71歲成立大學購地小組後，才開始向外募款。此一期間，曾展出佛教文物特展、曉雲山人五九畫齡回顧展、以及每年一次的清涼藝展，以籌措建校經費。還曾遠到新加坡和馬來西亞等地，舉行盛大的書畫藝展來籌款。奮鬥多年，中國歷史上第一座佛教創辦的大學，在她75歲時獲得核准籌建，76歲時破土開工，78歲時開始招生。

巾幗造時勢，時勢造英雄，臺灣寶島的好山、好水、好

人情，成就了好人物，創造了這個好故事。放眼天下，就用
「千古一曉雲」來懷念這樣一位偉大人物，恐怕也不為過！

曉雲法師的「自覺」，創造了典範，也成就了她自已。

六、有智慧的思考
1.和電腦做個好朋友

　　現代的人對電腦絕不陌生，幾乎從小學生開始，就人手一機，專門要靠電腦工作的人，一人有個二、三台是常見的事。若是電腦玩家，那就更別說了，家中事務處理用一台、多媒體處理用一台、電玩用一台、家庭電影院用一台，還有出門帶一台，這就是五台。現代的人工作離不開電腦，日常生活也少不了電腦，電腦是現代人的重要工具。

　　現在會用電腦的人非常多，但常用電腦，很會用電腦，還不夠！要更進一步多認識電腦，和電腦作好朋友。

　　有一個很有趣的問題不妨思考一下，那就是：

　　請問人腦最喜歡的朋友是誰？

　　關於這個問題，特別到網路上搜尋了一下，沒見到古聖先賢留下甚麼，大概是因為古代醫學不發達吧！也沒見到有現代人提出相關的研究，大概是因為這個問題還沒有專家學者注意到。因此，本書很榮幸能夠前無古人的首先提出這個問題，而且本書還要證明這個問題的重要性。

　　不言可喻，**這個問題的答案就是：**

現代人離不開的電腦。

人類一甲子以前才發明可以實用的電腦，而且個人電腦開始流行也才不過是近二十多年來的事，所以古人不會想到這個答案，當代專家學者也還無暇注意到這個答案，而本書就因此奪得頭魁囉！

孔子說過，益友有三種：「友直」、「友諒」、「友多聞」。電腦正直，電腦誠實守信，電腦上網查甚麼都有，當然博學多聞，所以電腦完全符合孔子說的標準，絕對是我們應該交往的益友。

電腦也是我們學習的典範。想想看，從人類最早發明機器計算機以來，至少已經過了百多年的歷史，那應該是成千上萬許許多多具有智慧腦的專家們分秒不斷從事研發改進創新後才得到的成果。這些成果包含頂級的超級電腦到帶著走的筆電，還有當今熱門的平板電腦和智慧手機，不一而足。

電腦是當今人類智慧腦千琢萬磨出來的晶鑽，當然是我們應該學習的典範。

我們不能只是會用電腦就夠了，就算你是電腦專家，也要多多體會一下這位好朋友的主要特色和優點，將非常有助於激勵自我智慧潛能的開發。請看以下這些電腦的主要特色和優點。

很有趣的一些特色：

電腦有密密麻麻的電子電路，相當於人的神經和血管。

電腦有數不清的電晶體元件，相當於人的腦細胞。

電腦把它唯一要吃的食物，電池，帶著走，只要有電吃，它就能不停的工作。

電腦內部成天只是看著0與1在搬來搬去，工作性質其實非常枯燥無味。

電腦的高明之處是：

（1）電腦像大型批發倉庫

電腦要存入或取出的東西就相當於大型批發倉庫的貨，貨放在顧客容易找到的位置，也要有顧客走動的足夠空間、有效益的人員工作方法和高明的營運管理程式。

（2）電腦有快速傳送資料的通路

電腦的快速傳送資料通路就像有十多線道以上的高速公路，車道多而且車速又快，所以電腦中的資料傳送不僅量大而且傳送速度非常快。

（3）電腦有主記憶體與次記憶體

記憶體是電腦存放資料的地方，主記憶體存放經常要用的資料，用起來方便而且快。次記憶體存放備用的資料，當主記憶體有空間時，次記憶體中的資料才會移放到主記憶體中。

（4）電腦的功能還在不斷更新和增加中

這些功能包含電腦的速度、硬體和軟體：

速度指的是資料處理和計算的速度、資料輸入的速度和資料輸出的速度。相當於人腦思考和心算的快慢、資料吸收的快慢和知識取出應用的快慢。

硬體指的是結構上的設計、材料的選用、堅固耐用、美觀悅目以及使用方便等，相當於人腦整體健康保健上的種種要求。

軟體指的是裝入電腦中以後，可以作文書處理、影像處理、藝術設計以及特殊計算等等所謂的電腦程式，相當於放進人腦中的各種有系統的特殊知識。

有人說：優秀是訓練出來的，也有人說：吸收前人經驗是學習的最佳捷徑。看了電腦這個好朋友的榜樣，可以不妨經常觸類旁通、模擬思考一下，產生一些共鳴和迴響，訓練出自己的智慧與優秀。

大衛王說：「與智者同行，必得智慧；與愚者作伴，必定無益。」

2.活在質與能的世界
——透視萬物的本質

　　宇宙萬物之多，不勝枚舉，各種科學的專業知識也隨之罄竹難書，沒完沒了。阿伯特‧愛因斯坦有一個非常出名而且形式簡單的「質能轉換公式」，那就是：

能等於質和光速平方的相乘積。

　　這是一個非常專業而且有大道理的公式，此處就不作進一步的深入解釋，但這個形式簡單的公式卻隱含了非常有用的寓意，值得深入分析探討。

　　首先，從這個公式看來，可以得到一個客觀的簡單說法，那就是：不論生物或非生物，其實都是由「質」與「能」組合而成的。

　　至於甚麼是「質」？甚麼是「能」？「質」與「能」到底是甚麼？也不必一定要強求一個大家公認的定義。

　　這兒提一個簡略的說法，那就是：摸得到的可稱為「質」，摸不到的可稱為「能」。

　　萬物中，有的東西是非常純的質，例如鑽石；有的卻是非常純的能，例如光；其他如熱、電、磁、波、電波、

聲、重力、壓力、腦波、甚至氣功和念力等，也都可看成是「能」；還有所謂物理能、機械能、動能、位能、彈性能、核能、輻射能、化學能、和生物能的說法。但除了非常純的「質」和非常純的「能」以外，其他大部分的東西，包括生物在內，都是「質」與「能」共存的。越是高等的生物，體內「質」與「能」共存的現象就越複雜。

從愛因斯坦的「質能轉換公式」就體會出來：質可以轉換出上述各色各樣的能，能也可以轉換出形形色色的質。只不過質轉換能的現象非常普通，而能轉換為質的過程則相當複雜，比較少見。因此可以說，幾乎世間萬物的行為動作都是質能轉換的一種過程，這種過程時時可見，也處處存在，與我們的日常生活有密切而不可分的關係。

要注意的是，人類有五種感覺，在摸得到的情況下，可能會看不到、聽不到、嗅不到也嘗不到；在摸不到的情況下，卻可能看得到也嗅的到。這就有許多不同的感覺組合。特別是能，如果不僅只是摸不到，也看不見、嗅不到、嘗不到，完全感覺不到，可不要因為這樣，就忽略了它的存在。

例如光這種能學問很大，有關光的大學問也請另詳專業的物理知識。這兒只舉一個生活中的現象，說明它的奧祕，也引發一些趣味。

通常，我們眼睛是不會看出屋裡空氣中的微細粒子和地板上的微細灰塵，但是當清晨或黃昏時，強烈的一線陽光

斜射進屋裡，你就能在這線強烈的陽光中清楚看到一些漂浮的微細塵粒；同樣的，這強烈的一線陽光如果斜射照到地板上，您就能把地板上的微細灰塵看的一清二楚。

有個對於「質與能」兩者關係的類似說法，提出來請大家參考參考。道家說「實與虛」，佛家說「色與空」，都和「質與能」有一種對應關係存在，「質」可以對應到「實」與「色」，「能」則對應到「虛」與「空」。

曾經有人說過一句話，就是：「凡人的境界，色即是色、空即是空；聖賢的境界，色不異空、空不異色；神仙的境界，色即是空、空即是色。」這句話非常值得玩味，不妨認真作一個體會，腦力激盪一下。

「密度」是認識問題的一個非常有用的詞，談到人口的問題，只用有多少人來表示，不足以突顯它的特色，若用「人口密度」來表達，就能進一步顯示它的與眾不同之處。「能」也是一樣，對於「能」的認識，首先從「能量密度」切入，很容易引人注意。

「能量密度」指的是一個單位體積的東西產生「能」的大小，例如一顆核子彈的「能量密度」就遠大於一顆普通炸彈。或者有人問：為甚麼核子彈的威力大於普通炸彈？答案就是因為核子彈的「能量密度」很大。拿普通手電筒和雷射光指示器相比，雷射光指示器發出的「能量密度」就大於普通手電筒。

另一個必需要提的，就是質量密度。在南非有一個供人參觀的地下礦場，在入口處首先看到的就是一條金磚，也不過是一隻手掌可以拿的高和寬，長度也只比手掌伸直後長一點，旁邊有一張告示，上面寫的是：如果你用一隻手可以拿起來，這條金磚就送給你。當然，沒有人可以用一隻手掌把它拿起來，因為金的質量密度很大。

　　其實可能是因為大家都不會刻意去注意，但是如果對化學元素表還印象深刻的話，就明白這些道理。原來常見的金、銀、銅、鐵、錫、鋁這些金屬中，同樣的大小，鐵、銅、錫、銀、鋁等的重量都比不上金的重量。當然另有四種包含鉛在內的固體金屬，它們的質量密度比金還大，但沒人喜歡鉛，而其他三種就更少見了。

　　中國人談到一個人很有學問，就用「博大精深」四個字來形容，但如果是「博大精深高密度」七個字，那就更有學問了。所以學問要做到有廣度，有深度，還要有高密度。這個高密度可就指的是高質量、高能量的密度，高質量指的是高的品質量；高能量指的是應用後產生的強大能量。

　　人腦其實就是一個既廣又深而且密度高的小宇宙，潛力是無限的。阿伯特・愛因斯坦的腦曾經被人拿去研究，雖然有結論說，他的腦容量比常人要大一點，但其實不用研究也知道，他的腦當然是只能用「博大精深高密度」七個字來形容。

3.誰都擺脫不了的時間與空間
——數與量的奧祕

　　萬物從古到今就生活在時間和空間之中，隨時隨地要知道現在是甚麼時間？經常面對的就是等一下要去哪？對人類而言，時間和空間是兩個非常重要的東西，把時間和空間的奧妙搞懂，當然一件很重要的事。

　　但是，因為有趣的是：人類億萬年來仍然不瞭解和自己生存息息相關的時間和空間到底是甚麼？又為甚麼會是這樣？所以，深入的研究是不需要的，但重要是應該對時間和空間的一些基礎認知要有完整的概念。

　　三度空間加上時間就成為可以涵蓋宇宙的時空，雖然這個時空大到只能用無限大來形容，但這個時空中的任何位置都可以用所謂的「時空座標」標示出來，而宇宙中的任何東西某一時刻一定會在這個「時空座標」的某一個位置，究竟我們活動的時空是有限的。

　　那麼就思考一個有趣的問題吧！你現在是在這個「時空座標」中的那一個位置？

　　這個「時空座標」非常簡單，先別想那個浩瀚無垠的宇宙時空，也別管那些專家們的定義，想像你自己就是這個「時空座標」的中心，也就是這個「時空座標」所謂的原

點；前後、左右、上下可以形成三條直線，成為三個方向的軸線，是這個「時空座標」所謂的三個互相垂直的座標軸，再加上時間軸，就是大家稱為四度空間「時空座標」的四條軸線，這四條軸線都是從負無限大經過零到正無限大，原點就是四條軸線的零交會在一起的位置。

「時空座標」的原點，代表的只是一個「時空座標」範圍的中心點，不同「時空座標」的原點都對映到宇宙或地球時空的某一個實際位置。當你往前、往後、往左、往右、往上或者往下跨一大步，你就可以想像自己已經在大約一秒鐘的時間內離開了剛才的位置大約有八十到九十公分的距離。你可以找一張紙把這個位置的移動用四度空間「時空座標」畫出來。

這樣一個虛擬的「時空座標」，只要多想幾次就很快會印到你的腦海中，用熟了以後，你就可以把它套用在從古到今甚至未來的任何一個時空。例如：把你家作為中心，周圍二十公里內你日常生活活動的範圍就是你的一個「時空座標」空間。

有人有寫日記的習慣，也有人喜歡一天的美好回憶，配上這個小的「時空座標」空間，一定有奇妙的效果產生，你的日記或回憶會記的更完整，也或許從此上街認路沒有方向感的毛病就沒了。

當你看中國古書封神演義、水滸傳或三國誌的時侯，想像把這個「時空座標」空間套到這些歷史故事的時空，你對書中故事的情節將能有更為系統性的體會，增加閱讀時的趣

味與瞭解，也或許還有身臨其境的感覺。

更有趣的事，自傳或履歷是常見的東西，現在見到的，不是紙本就是一般的電子檔，但如果有人利用前面提到的爪哇電腦程式，作出一個「時空座標」空間的形態的電子式自傳或履歷，那就用起來太妙了，甚至可以在上面寫回憶錄。

如果您有興趣去深入認識瞭解這些現象，建議你從三個非常好的網站開始：英文的「Physlets」和「Educator's Corner-Agilent Technologies」；中文的「physlet模擬教學動畫」。這三個網站的主要內容是用爪哇電腦程式寫的，有非常高明的動畫顯式，還可以在上面做模擬實驗，會讓你愛不釋手的。

前面提過，「時空座標」的四條軸線都是從負無限大經過零到正無限大，其中有一些奧妙要提一提，首先，不論正無限大或負無限大都是無邊無際、看不見、摸不到也到不了的一個很遠很遠的位置，正、負也只是表示在原點的左右方或時間之前後而已，那麼請問，正無限大減一兆的位置在那裡？一兆加正無限大的位置又在那裡？

無限大不論再加多少或減多少，是可以在「時空座標」上取一個相對應的位置，標示出來，但實質上，它們跟無限大是一樣的，都一樣是無邊無際、看不見、摸不到也到不了的一個很遠很遠的位置。

負無限大到正無限大是一個很大無止盡的空間，那0到1就是一個很小的空間，然而，即使這麼小的空間中，0到1

之間的數字卻可以有數不清的無限多個！因為：0到1可先分為0.1、0.2、0.3、0.4、0.5、0.6、0.7、0.8和0.9，0.1與0.2之間又可分為0.11、0.12、0.13、0.14、0.15、0.16、0.17、0.18和0.19，如此下去就沒完沒了。

事實上，世間萬物都是這樣一種從巨觀到微觀的存在現象，由巨而微，從大而小，微小到要用電子顯微鏡才看得到。但是，當小朋友被要求好好洗手，甚至用消毒水洗手時，很少有真正認真洗手的。因為心中仍然有個不解的疑團，為甚麼看不見細菌？

這種巨微無限的現象也對日常會遭遇的事有所啟發。首先看看「絕對與相對」這個問題，既然沒有絕對，那就是相對，既然相對，就要注意差距或相異之處的大小。就像「是與非、黑與白」，看來是絕對的，但如果沒有預先設定的條件，其實也是相對的，「是與非、黑與白」的界線在那裡？「是與非、黑與白」的中間又是甚麼？所以經常見到的二分法，不是「是」就是「非」、不是「黑」就是「白」，是一種粗糙的說法和態度。

有一個「準確度」和「精密度」的說法值得參考。「準確度」是結果與要求之間的相同程度，通常用百分比或小數來表示，但結果本身精密到甚麼程度，就是「精密度」，通常用小數來表示。而「準確度」和「精密度」經常又會遇到小數點後取幾位的差異。

再來引申到「基準點與容忍度」這個話題，常聽人說：

「各人心中一把尺」，這其實就是「基準點與容忍度」，你的尺放在那一個「基準點」，在這個「基準點」上，你又有多少「容忍度」？「基準點」的「準確度」和「精密度」有多少？「容忍度」的「準確度」和「精密度」又有多少？也有人說：「謹言慎行」，那該多口多慎？不妨多思考思考「準確度」和「精密度」。

萬物萬事都一直在「時空座標」裡隨著時間在變化，但一定要注意它的「常與變」。一個變化的事物總可以找出它不變、不常變、變的不大或不斷重複的部分，這些部分是所謂的「常」；變的大、變的快或變的多的部分是所謂的「變」。觀察事務的事物的時侯，從它的「常與變」切入，輕重緩急就能首先有個譜。

時間這個奇特的東西，一秒一秒過去，你完全無法阻止它的前進，時間過去也抓不回來。因此，惟有把握時間去做好該做的事，也就是要做好「時間管理」。

時間管理好是為了做事，所以時間與做事是分不開的，做事首先要考慮時間。以下有幾個要領提請參考：

（1）時間有限，減少不必要的支節瑣碎，重複的處理流程可以合併，集中相同流程的批次為一次處理，可以節省處理時間。

（2）依規劃去執行，隨時評量其品質與效益，隨時檢討改進。

（3）依事情的急、重、輕、緩，決定處理事情的先後

順序。

　　事情的急、重、輕、緩，意指時間上的緊迫、不緊迫以及事情本身的重要、不重要。遇到事情要處理時首先要作一個判斷，如果事情是重要的而且時間緊迫，這件事就要優先處理。如果事情是重要的但時間不緊迫，這件事就可以排在第二優先，緊迫且重要的事多，就首先要依其重要性排一個順序，依順序處理。至於不重要但時間緊迫的事情，就能推遲就推遲，或是抽空再做吧！

　　最有趣的是不重要而且時間上也不緊迫的這一類事情，當然就不必做了。可是呢？看起來容易做到卻難的很！做傻事的可多的很，但一般說來，只有年輕小朋友做的多，聰明人是不會做的，有智慧的人則是一笑置之。

　　「行事曆」非常有用，很多人經常會帶在身邊，但如果利用「行事曆」把要做的事情列出來，對映到要做的時間上，就可以預先把要做的事情和時間做一番衡量、檢討或進一步的調整。即使一件複雜的大事，需要長時間才能完成的，也可以利用「行事曆」做細節上的深入規劃。當然，目前網路上也已經有一個名叫「甘特表」的自由電腦軟體，可以很方便的去做到工作與時間對應的有效規劃，有興趣的話，不妨下載用用。

　　或許你現在已經體會到，**宇宙之中萬事萬物都身不由己的隨著時間在走，這一切都不外乎是時空座標中的一條曲線或曲面，隨著時間在不斷的移動和變化。**

曲線、曲面，在數學、物理和天文中有非常多的介紹，這兒當然不再贅述。曲線、曲面既然與萬事萬物有密切的關係，它的重要性也就不僅限於數學、物理和天文。簡單的說，生活中能聯想到用曲線、曲面的時候就多用吧，別忘了前面說過的三腦並用效果最大！曲線、曲面就是圖像。

　　或許你覺得你想到的曲線、曲面不能完全表達一個事物的現象，那麼這兒就介紹您一個非常有名而且被廣泛應用的「傅立葉函數」。這兒仍然要指出，不是在上數學課，所以一切都口語化，讓它容易搞懂。

　　「傅立葉函數」是說，一切隨著時間變化的曲線都可以用不同頻率的正弦波曲線和餘弦波曲線加合而成。

　　所以面對任何看不懂的曲線變化，你只要找出它其中重要的正弦波曲線和餘弦波曲線的大小和頻率，這些才是它的重要本質或是有意義的內涵。面對宇宙事物萬象，智慧就是要能看清事物萬象的重要本質或是有意義的內涵。

4.建立系統與物件的好觀念
——洞察事物現象

　　有二句成語和說話有關，那就是說話要「言之有物」，也要「言之有理」，這個「有物」「有理」，就是要有道理的內容或主題。

　　譬如作文，一定是先給一個題目，讓人根據這個題目去發揮，這與「言之有物」、「言之有理」是一樣的。而人類給萬物都取了名稱，這些名稱是經過科學研究後分類得到的，說某一個名稱，就會有一個對應的事物，不會混淆不清，也一樣是「有物」「有理」。

　　在工程科學裡有個名詞稱為「系統」，在計算機科學裡有個名詞稱為「物件」，「系統」和「物件」有異曲同工之妙，雖然在不同的科學領域，但都有相當嚴謹的定義，不妨參考，可以增加我們頭腦整合與分析知識的能力。

　　這兒談「系統」和「物件」，當然不必計較它們嚴謹的定義，而是用大家都容易瞭解的話把道理說清楚講明白。

　　與主體、個體、主題、題目、名稱或名字非常類似，簡單的說，**「系統」和「物件」就是一個可以獨立存在的事物，它可能是另一個獨立存在事物的一部分，也可能本身含有一些可以獨立存在的事物。**

　　這也就是說：「系統」和「物件」可以是一個更大的

「系統」和「物件」中的一個可以獨立存在的事物；它本身又可以有一些小的「系統」和「物件」。

我們的身體就是一個系統，一顆樹也是一個系統。一輛汽車是一個系統，一架飛機也是一個系統。長江、黃河是一個系統，中央山脈、喜馬拉雅山脈也是一個系統。一本書是一個系統，一首歌也是一個系統。依此類推，萬物萬事都可看成是一個「系統」和「物件」。

上述關於「系統」和「物件」的說法非常像生物分類學中的域、界、門、綱、目、科、屬、種的關係，但用起來卻非常務實，放眼望去，不是宇宙萬事萬物都存在這種「系統」和「物件」的關聯性嗎？以我們自己的身體當成一個「系統」和「物件」分析一下，就更容易明白其中的道理。

其實用這種方式去分析思考，就是所謂「邏輯」的基本原理，吸收知識的時候和分析問題的時候，這種「系統」和「物件」的邏輯性概念，就能幫助你把知識有系統性的放入腦中，頭腦也會自然而然的隨著你的意念，有系統的將物件存到你腦中正確的關聯位置，便利知識的取出與應用。

「樹」，到處可見，而且不論那一種樹都一定是有根、有幹、有比幹多的細枝、有比枝更多的葉，甚至有花有果。小朋友最早學畫樹的時候，只要畫出一個樹幹、很多樹枝和樹葉，這種簡單而獨特的造型，任何人一看就知道是一顆樹。

「樹」這種先有根、後有幹、再有枝的簡單造型，非常具有系統聯結發展的獨特代表性，很早就被人們注意到，廣

泛的應用在知識的分析、學習和研究，通稱為「樹狀圖」。常見的如「關係樹」、「關聯樹」和「家庭樹」等，甚至「百家姓」和「祖譜」都可以畫成「樹狀圖」。

對於電腦玩家來說，他們即席簡報的時候，經常喜歡用一些所謂「心智圖」的電腦軟體來說明一件事物。他們認為用「心智圖」比用一般常用的微軟簡報軟體還要方便的多，而且有連貫性、系統性和整體性，讓聽的人很容易明白。「心智圖」這類的電腦軟體就是採用「樹」的系統觀念開發出來的。類似的電腦軟體還有所謂的「知識樹管理軟體」。

有一種所謂的「二元樹」，並不像樹的型態，也被稱為「樹」。這兒之所以要提出，是因為基本型式的「二元樹」就是簡易邏輯「是與非」的二元法則，經常被廣泛應用在決策的判斷上。當思考問題分析後做選擇時，只採用「是與非」、「要與不要」或「可與不可」二個選項，這樣下去，一直分析並作決定，最後就可以得到深入分析後的最佳選擇。

有一個關於「系統」的概念要特別強調一下。前面曾經提到過，「系統」是一個可以獨立存在的事物，所以，如果這個事物是一個非生物，當它受到一些刺激的時候，它幾乎不會有甚麼反應；但如果這個事物是一個生物，當它受到一些刺激的時候，它可能馬上就有很激烈的反應。例如，你用手槌桌面，它好像沒變化沒反應，反而你會覺得自己的手會痛。

這就形成了一個可以適用於萬事萬物的通則，也就是「刺激（因）」、「反應（果）」和「系統（事物）特質」三者的關係。每一種系統（事物）都有它與其他系統（事物）不同的特質，因為這個來自本質的不同而造就的特質，所以雖然都是遇到了相同的因，卻產生了完全不同的果。智慧不是僅只注意到甚麼因產生甚麼果，而是要能進一步洞察瞭解「系統（事物）特質」背後的不同本質。

5.潛能不是神奇

從小到大常聽過一些神奇的能力，例如千里眼、順風耳、心電感應、第六感、陰陽眼、天眼、念力和讀心術等等的特異功能，這些都不是這兒要談的潛能。即便有人說，一些動物就具有比人類高明的感應能力，古代的人原本就可能具有像這些動物的超能力，但現在究竟已經是人類進化了億萬年的新世代，一些神奇的能力恐怕只有天賦異稟的人才能作的到，天賦異稟是可遇而不可求的，一般現代人最好務實一點，強求可能只會落入自尋煩惱。

「潛能」通常指的是一個人具有的潛在能力，這種能力須經由一種引導或訓練過程才可能展現出來。但是，所謂的潛在能力究竟是甚麼？倒是該好好思考一下。天賦異稟的潛在能力不必說了。再來就是所謂的天分，這可能是來自家族遺傳，或是從小自我激勵培養出來的，是一種小時候就已被注意到的潛在能力；其次就是從小尚未被注意到的潛在能力。這種從小尚未被注意到的潛在能力才是需要進一步深入討論的重點。

尚未被注意到的潛能要如何去發現呢？

答案是：**觀察別人、對照自己。**

如果別人可以作到的，你作不到，這就可能是你需要開發的潛能。隨著年齡的增長，潛在的能力培養出來以後，就成為一種真實擁有的能力，不再是潛在的能力，潛能不斷的被培養出來，真實擁有的能力就與日俱增越來越多。

　　有一些重要的基礎能力，這兒提請參考。例如：觀察力、專注力、記憶力、溝通能力、心算能力、思考力、規劃能力、組織能力、執行力、領導力等，其他的就不提了。

5.1. 觀察力

　　觀察力，指的是你在觀察事物時的能力。動物最早的本能就是觀察力，出生以前，可能就已經靠聽覺和觸覺在觀察，出生以後，眼睛就開始扮演觀察的重要角色。但是對人類而言，不僅止是單靠五官的感覺去觀察，還要用到你的腦去幫忙，讓你能觀察入微。要知道，深入的觀察力可以讓你具有洞察力，更深入的觀察力甚至可以讓你發展出創造力和預見力。所謂前瞻、遠見、高瞻遠矚也是同樣的意義。

　　從自身開始去觀察，進而觀察周遭的人、事、物，觀察要注意被觀察目標的常與變，要觀察它的常與變到底是怎樣的常？又到底是怎樣的變？也要注意去瞭解它為甚麼會常？又為甚麼會變？

　　網路上熱傳的十個現象，道出了觀察力的智慧，我們且來看看是怎樣說的：

（1）蝴蝶效應：

　　上個世紀的70年代，美國一位名叫洛倫茲的氣象學家，在

解釋空氣系統理論時曾經說過，亞馬遜雨林一隻蝴蝶翅膀偶爾振動，也許兩周後就會引起美國德克薩斯州的一場龍捲風。

蝴蝶效應是說，初始條件十分微小的變化，可能會經過不斷的放大後，未來會造成非常巨大的差別和影響。有些小事可以糊塗，但有些小事經過有系統的放大後，則會對一個組織或一個國家來說，造成很重大的後果，就不能糊塗。

（2）青蛙現象：

一隻青蛙如果直接放進熱水鍋，由於它對溫度差異的反應十分敏感，就會迅速跳出鍋外。但一個青蛙如果放進冷水鍋裡，青蛙並不會立即跳出鍋外，慢慢地加溫，水溫慢慢地提高，最後就是青蛙被煮死了，因為等水溫高到青蛙無法忍受時，它已經來不及或者說已經沒有力量跳出鍋外了。

青蛙現象告訴我們，一些突變的事件，很容易引起人們的警覺，而易致人於死地的，卻是在自我感覺良好的情況下，對實際情況的逐漸惡化，欠缺清醒的觀察力去注意察覺。

（3）鱷魚法則：

假定一隻鱷魚咬住你的腳，你要是直覺的用手去試圖掙脫你的腳，鱷魚便會同時咬住你的腳與手。你愈是掙扎，就會被咬住得越多。所以，萬一鱷魚咬住你的腳，你唯一的辦法就是犧牲一隻腳。

鱷魚法則應用在股市中，就是：當你發現自己的交易偏離了市場的方向，必須立即止損，不能有任何猶疑延誤，不得存有任何僥倖。

（4）鯰魚效應：

早期，沙丁魚在運輸的過程中存活率很低，後來有人發現，若在沙丁魚群中放一條鯰魚，情況卻有所改變，沙丁魚的存活率會大大提高。這是甚麼原因呢？

原來是，鯰魚到了一個陌生的環境中，就會變的「性情急躁」，四處亂遊，這對好靜的沙丁魚群來說，就會產生出攪拌作用，因為沙丁魚發現多了這樣一個「異己分子」，自然也會很緊張，都會加速遊動。這樣，沙丁魚就不會缺氧，也就不會死了。

（5）羊群效應：

領頭的頭羊往哪裡走，後面的羊就會跟著往哪裡走，這就是所謂的羊群效應。

羊群效應是最早用在股票投資市場的一個術語，主要指的是，投資者在交易過程中存在學習與模仿的現象，「有樣學樣」，會盲目的效仿別人，也就導致他們在某段時期內會去買賣相同的股票。

（6）刺蝟法則：

兩隻困倦的刺蝟，會因為覺得冷而擁在一起，但因為各自身上都長著刺，怕被刺傷而離開了一段距離，然而冷得受不了時，又會湊到一起，幾經折騰，兩隻刺蝟終於找到一個合適的距離，此時既能互相獲得對方的溫暖，又不至於被刺傷。

刺蝟法則主要是指人際交往中的「心理距離效應」，既想接近又怕刺傷，經過一段磨合期，才能找到雙方都滿意的距離。

（7）手錶定律

當人只用一隻錶時，他會確定知道現在是幾點鐘，但是當他同時擁有兩隻錶時，因為兩隻錶顯示不同，反而會讓看錶的人失去準確時間的信心，不能告訴一個人準確的時間。

手錶定律用在企業管理方面，會給我們一種非常直接的啟示，就是對同一個人或同一個組織不能同時採用兩種不同的方法，不能同時設置兩個不同的願景目標。而且，一個企業或者個人，也不能由兩個人來同時指揮，否則將使這個企業或者個人無所適從。

（8）破窗理論

一個房子的窗戶如果破了，卻不趕快去修好，那麼，隔了不久，其他的窗戶也會莫名其妙的被人打破；一面牆，如果出現一些塗鴉卻不趕快去清洗掉，很快的，牆上就會布滿了亂七八糟、不堪入目的東西；在一個很乾淨的地方，人們會不好意思亂丟垃圾，但是一旦地上有垃圾出現之後，人們就會毫不猶疑地去亂丟垃圾。

（9）二八定律（帕累托定律）

19世紀末到20世紀初，義大利的經濟學家維爾弗雷多·帕累托（Vilfredo Pareto）認為，在任何的一組東西中，最重

要的只占其中一小部分，約為20%，其餘的80%儘管是佔了多數，卻是次要的。而且，社會約80%的財富是集中在20%的人手裡，而80%的人只擁有20%的社會財富。這種統計的不平衡性在社會、經濟及生活中無處不在，這就是二八法則。

二八法則告訴我們的是，不要以平均數去分析、處理和看待問題。在企業經營管理中，只要抓住關鍵性的少數，而不是那些不重要的多數；要找出那些能給企業帶來80%利潤、總量卻僅占20%的關鍵客戶，對他們加強服務，就能夠達到事半功倍的效果。

簡單的說，就是要對自己的工作去認真的分類分析，要把主要的精力花在解決重要的問題和重要的項目上。

（10）木桶理論

如果用來組成一個木桶的木板是長短不齊的，那麼用這些木板去作一個木桶時，木桶的盛水量不是由最長的那一塊木板來決定，而是取決於那一塊最短的木板，因為過長的木板都要依照這塊最短的木板去剪短，才能作成一個可以盛水的木桶。

以上這些，都能加強您的觀察力。

5.2. 專注力

專注力指的是能夠專心做正在進行的事，沒有分心。保有專注力的奧秘就在於要能夠克服分心。分心的原因很多，常見的不外乎耐心不足、對正在進行的事情缺乏興趣、沒有時間觀念、以及故意不專心等。

故意不專心是多數小朋友經常會作的事，原因很多，這兒就避而不談了。但有一個重點必須提出來，那就是：

　　解決專注力的關鍵，重在個人的自覺自悟，能夠覺悟到專注力對吸收知識和完成工作的重要性，並能進一步起而行加以實踐，才是真正的大徹大悟，功效也才是最大。

　　首先要知道，耐心通常是可以持久的，是不會造成傷害的，是可以自我訓練出來的，也可以用調節自己的心情或情緒而加以改善。別忘了前面提過愉悅的心，愉悅的心替你注入熱情，熱情可以帶來持續工作的動力。

　　其次，興趣不是抉擇一件事的重要價值觀，如果其他的價值觀更重要，即便沒有興趣，也該看在那個重要價值觀的份上去盡力而為。如果因為沒有興趣覺得痛苦，那麼早一點專心完成，不是就能夠早一點脫離這個痛苦嗎？

　　再者，缺乏時間觀念這個問題相當有趣，通常是年齡越小越沒有時間觀念，許多小朋友滿五歲了還看不懂有時、分、秒針的時鐘，唸得出數字鐘錶的顯示的時間，也不明白時間的數字到底有甚麼意義？如果能夠及早建立時間觀念，再能活用之前提過的時間管理，相信畢生會受益無窮的。

　　有人說，**十秒靜坐有收心專注的效果**，不妨一試。

5.3. 記憶力

　　記憶力是把事物存入腦中並取出的能力。前面提過，腦是個小宇宙，就算你想把全宇宙的知識都裝進去，也不為過，愉快的去記吧！腦也是一個物件、一個系統，億萬年人

類的進化已經造就了它天賦的卓越能力，閱讀的時候、學習的時候，切記要練習把放進腦中的知識再拿出來，如果拿不出來，就是沒有記住，需要再往腦中放一次，看看能不能記住，這個過程多重複幾次，讓腦習慣這種過程後，用到的腦和神經只會越用越發達，記憶力自然就會訓練出來。

有一個三歲的小孩，很喜歡聽三隻小羊的故事，一個月之後，他給了媽媽一個驚喜，突然把三隻小羊的故事一字不差的背了出來。但是過了幾個月之後，媽媽心血來潮要他背三隻小羊的故事，他卻已是結結巴巴、斷斷續續，無法全部背出來，這次給了媽媽一個失望。

這個故事說明了記憶力的可能，也說明了知識是要拿出來用的，很久不用，頭腦可能就忘記把它放在那裡了，或是原來進出存放位置的神經通道已經做為其他的用途了。

5.4. 溝通能力

溝通能力包含了表達能力和溝通的技巧，表達能力則包含了語言能力、文字能力、以及其他手勢、動作、圖畫、音樂等的能力。

通常，人類最基本的溝通能力就是語言能力，也就是說話的能力。說話不外乎先說後聽或先聽後說。說給別人聽，要別人能聽懂你的話；聽別人說，要自己聽懂對方的話。而且如果是一問一答，就要針對問的主題或重點回答，不能不回答或答非所問。只有你完全明白我說的話，我也完全明白你的話，這才叫溝通。

文字能力是以文字寫出來表達的能力，其重要性僅次於語言能力，且兩者之間有相輔相成、異曲同工之妙。文字表達能力強，有助於提昇語言表達的能力；而語言表達的能力強，也有助於提昇文字表達的能力，都是溝通必備的重要能力。勤於鍛鍊這兩種能力是必要的，只有高水準的語言文字表達能力，才容易達到溝通的效果，也惟有爐火純青的語言文字表達能力，才能提昇你溝通的技巧。

戴爾·卡內基的一句名言，頗令人玩味無窮：

「溝通的最高境界，就是做到聽話聽到對方很想說話，說話說到對方很想聽話。」

5.5. 心算能力

心算能力是不必藉助身外之物只用自己頭腦去計算的能力。它不僅對數字的計算和數學的學習有極大的幫助，也能強化頭腦的記憶能力，活化頭腦的運算功能，在日常生活中，有很多用途。如能從小就注重心算能力，那絕對是一件終身受用的好事。很多人都有相當好的心算能力。

對於一般的加減乘除運算，自己就可以練習用心算，多練就一定有進步。高深一點的數學計算，則需要去學習一些特別的心算規則和技巧。至於複雜或大量的計算就不是人類心算能力能夠辦到的，交給計算器或電腦去作吧，即使曾經有人心算能力速度比電腦快，那也不是針對複雜或大量的計算。

5.6. 思考力

思考力是對事物分析、演繹、歸納、應用的綜合能力，所以首先對事物分析、演繹、歸納、應用的能力要有相當的基礎，思考力才會好。

雖然這些方面有許多專業的理論和研究，但簡單的說，分析和歸納都是要有系統的去找出重要的因素、特質和關聯性，兩者程序相反，原理卻相同，只有不斷的分析歸納，系統化才做的確實。

演繹強調大前提、小前提、結論和因為、所以等邏輯推理，但換個角度去看，不外乎就是先要建立一個準則，然後依照這個準則去做對、不對或要、不要的決定或取捨，所以在分析、歸納和應用的時候，首先需要去建立正確的準則，才能得到正確的結果。

演繹的過程也是一種好的檢驗方法，第一次得到的思考結果或有失誤，未盡完美，可以再做一次演繹的過程，修正第一次思考過程中的偏差。

5.7. 規劃能力

規劃能力指的是遇到事情或工作時，可以預先規劃事情或工作應該如何去做的能力。規劃小的事情或工作，或許不必寫出來，腦中想清楚做的步驟，就能去做。若是只用腦去想還不行，那就要寫出來。大的重要的事情或工作，更要寫成規劃書、計畫書或執行方案。

本書稍後提出的「**有用的策略規劃**」中，提出了一種培

養規劃能力的方法，不論是小事或大事，針對個人或團體，都可以用這套有系統的方法去訓練，強化自己的規劃能力，寫出高明的計畫書。

5.8. 組織能力

這兒的組織能力不是一個組織、單位或機構的整體能力，指的是人們面對事情、工作或問題時，能夠思路清晰的剖析出重點條理，進而將可用的人力、物力以及財力等資源組識起來，有條理，按部就班、化繁為簡的將事情、工作完成或將問題解決的一種能力。

所以，組織能力可以說是觀察力、思考力以及規劃能力的綜合運用能力，如果能夠培養出具有高品質的觀察力、思考力以及規劃能力，那麼整合起來就是很好的組織能力。

5.9. 執行力

執行力就是把事情做完、做對、做好。這就需要有足夠的知識、時間、人力、物力，還要有好的規劃，甚至天時和地利。前面提過的孔明借箭和諾曼地登陸都是執行力的範例。

但是，對於兒童青少年甚至一位成人而言，執行力就是做完、做對、做好任何一件事的能力。不論事小、事大、現在或未來，做好任何一件事都需要執行力。若能從小事開始就盡心盡力練習去把事情做完、做對、做好，好習慣養成之後，就能培養出好的執行力。小時候培養做小事的執行力，日積月累下來，就能培養出大時候做好大事的執行力。

5.10. 領導力

可別說是當了主管的才需要用到領導力，任何人在任何時間都可能是一個領導者。在家裡，哥哥姐姐帶領弟弟妹妹是一種領導力的運用，做父母的帶起自己的孩子或是老師帶領一個班級，又何嘗不能視為一種領導力？所以領導力是人人一輩子都會面臨的事。

領導力是帶領一個個體完成任務的能力，這個個體可以是一群人，或是幾個人而已，甚至說，自己如何帶領自己這個個體，也可以看成是一種領導力。當然在一些情況下，這個個體也可以指的是動物，例如騎馬的人，帶領動物在馬戲團表演的人，或是在海洋生物館帶領海豚、虎鯨、或海獅表演的人。

簡單的分析一下所有這些不同的情況，可以看出其中有三個明顯的現象或特徵。首先，有一個最重要的因素是領導者應該具有完成任務所需要的知識。其次就是，領導者對帶領的個體分子要有相當的瞭解。再就是，似乎是有點諷刺性，大部分的情況下，領導者既沒有完成任務所需要的完整知識，也缺乏對個體分子的深入瞭解。

有一些簡單的社會現象就非常引人遐思，值得注意。例如結婚的人在結婚前對結婚後的未來生活缺乏瞭解，對怎樣養育小孩管教小孩甚至更欠缺瞭解，怎樣去領導這個家呢？學校沒教這些，似乎只有靠做中學、學中做了。

所以針對領導力，這兒特別要強調的是迅速學習的能力。特別是要認知，在現代二十一世紀的社會，要學的太多了，早在二十世紀，專家學者就已經強調學習型社會已然來臨，僅靠學校教的，已經不夠了，要有活到老學到老的原動力，認知到隨時在生活中自我學習的重要性。

　　有一點要特別加以強調的，前面提過的九種能力可以說就是領導力的基礎，如果能在日常生活中隨時注意觀察力、專注力、記憶力、溝通能力、心算能力、思考力、規劃能力、組織能力、以及執行力的鍛鍊，您的領導力也就八九不離十會自然而然的培養出來了。

　　潛能講完了，要不要拿這十個能力自己做個評量表，估計一下自己究竟是幾斤又幾兩？

6.有用的策略規劃

　　策略規劃這四個字看起來好像很專業，但用在一般現實生活上，其實就是計畫怎樣去做好一件事而已。只不過專業的策略規劃有一套系統性的好方法和步驟，可以預先把一件要做的事規劃的很完善。這兒要談的，就是怎樣把這一套系統性的好方法和步驟一般化，拿來用在日常現實生活的工作上，讓您更有智慧把事情做的更好。

　　中國有句成語說的好：

　　「大處著眼、小處著手。」這就是策略規劃。

　　著眼在大處就是眼光要遠大，針對目標；著手在小處，就是要從達成目標的細節開始行動。還有一個重點要注意，不能只是眼見大處，忘了小處；也不能只是手著小處，忘了大處。而是要想好怎樣做到眼連到手、手連到眼、大連到小、小連到大，這才是好的策略規劃。

　　策略規劃首先要做的就是：針對工作要達成的目標，就自己的能力和外在的環境，做一個評估分析。

（1）分析自己的能力強在那裡？弱在那裡？分別按優先次序逐一寫出來。分析外在環境中對自己有利的是那些？對自己不利的是那些？也分別按優先次序逐一寫

出來。

（2）把自己的能力強項和環境有利的項目對照評估，思考
兩者如何結合，發揮更大的能力，創造最好的成果。
然後，把該去做的事按優先順序列出來。接下去，把
自己的能力強項和環境不利的項目對照評估，思考如
何避免環境的不利項目傷害到自己的能力，力求把傷
害降到最低。然後，把該做的事按優先順序列出來。

再來是，把自己的能力弱項和環境有利的項目對
照評估，思考如何補強自己的弱項去配合環境的有利
項目。然後，也把該去做的事按優先順序列出來。再
接下去，把自己的能力弱項和環境不利的項目對照評
估，思考如何避免環境的不利項目傷害到自己的能力
弱項，力求把傷害降到最低。然後，也把該去做的事
按優先順序列出來。

如此這般，針對以上得到的四個優先順序，把所有列為
第一優先順序的四件事再排一次優先順序；再把所有列為第
二優先的事也再排一次優先順序；依此類推下去，一直把所
有各個優先順序的事都再排完優先順序。最後把所有再排好
優先順序的事全部整合起來，就得到您需要執行的工作項目
清單和優先順序。

接下來就是，按照工作項目清單的優先順序執行清單的
工作項目。在做的時候，可以設法找出每一項工作的價值指
標，依據這個價值指標，去對進行中的工作項目做一個評量
檢討，隨時做必要的調整或修正，以期能獲得最好的成果。

依據這些，您就可以寫出規劃書、計畫書或行動方案。如果您能把以上所說的方法和步驟用圖表畫出來，三腦並用，就更容易明白。若有進一步深入研究的興趣，可以去參考策略分析、策略地圖和平衡計分卡的專業知識。

　　切記，規劃的目標就是要「慮事周詳」、「鉅細靡遺」，做到「十全十美」、「萬無一失」的境界，不要「掛萬漏一」，更不能「掛一漏萬」！

7.專案管理的啓示

　　專案管理又稱為項目管理，是二十世紀中發展出來用以管理大型計畫用的一套系統化方法。大型計畫被通稱為專案。這套系統化的方法現在已經研發的非常精緻細膩，其中的知識若以博大精深高密度來形容亦不為過，在大學裡，專案管理至少是一門三個學分到六個學分的課程。

　　目前，專案管理廣為工程、電腦、製造和管理等領域的企業或機構所採用，大的企業或機構且設有專案管理的部門和經過國際專案管理學會認證合格的專案管理師，很多國家甚至要求企業機構必須具有一定數目的專案管理師，才可以承辦政府的大型計畫案。

　　為甚麼這兒要提專案管理？因為專案也好，大計畫也好，都是做事。做事不論大小，原理和基礎的方法都是一樣的，既然已經有博大精深高密度的專案管理可以參考，當然就要借鏡它的原理和基礎來提昇我們做事的能力。

　　曾經有家長和專家就主張過，給小朋友零用錢、壓歲錢的同時，也要教小朋友怎樣去花錢，讓小朋友從小就培養出花錢的好習慣。這個觀念和態度是正確的。做事也是一樣，從小培養做事的好習慣，可能比培養花錢的好習慣更重要。

這兒僅止於取用專案管理的原理和基礎，做一個重點介紹，其他有關專案管理的博大精深高密度內涵就不再多談了。

首先，任何事都是有頭有尾，事情做完了，這件事就告一個結束，可能又開始要面對另一件事。所以，專案管理提出的一個原理必須瞭解，那就是：任何事情從開始到結束可以劃分為五個階段，在每個階段該做些甚麼事，又該怎樣去做才好，都有一定的方法。這些告訴我們一個把事情做好的正確步驟。

這五個階段是：起始階段、規劃階段、執行階段、控制階段、和結束階段。從名稱上就大致可以看出每個階段的工作重點。但因為執行階段和控制階段幾乎是同時進行的，而且一開始執行階段就必須同時開始控制階段，所以這兒就把這兩個階段合併為執行與控制階段。

起始階段要做的主要是構思和定義，就是要先做一個整體性的思考分析，確定涉及的人、物、地、時、以及資源等。規劃階段是依據起始階段的資料設計出計畫書、規劃案、或行動方案。執行當然就是依據規劃階段的成果去付諸實行，控制是檢驗或改進執行的狀況，例如檢驗後發現某一個剛完成的項目沒有確實照計畫進行，或者是完成一個項目後，發現計畫書中下一個預定的項目必需有所調整等，那就要找出辦法改進執行的狀況。結束階段則是確定計畫已經圓滿完成，加以驗收或辦理移交。

思考一下，我們日常做事，不都是經過這五個階段一步步把事情做完的嗎？至於做的好不好？那就要看您在每個階段中用心付出的程度囉！

　　再者，專案管理提出了十個主要的管理方向，那就是：整合管理、範圍管理、時間管理、成本管理、品質管理、人力管理、溝通管理、風險管理、採購管理、以及利益關係人管理。

　　整合管理是對整個專案內其他九個管理方向進行彼此之間溝通協調和相互配合的整合性管理，就是一般所說的綜合考量、全盤掌控。

　　利益關係人管理是針對股東、投資人、顧客、專案成果的使用者或受益者而進行的管理行為，意指利益關係人才是專案應該重視的對象。

　　風險指的是預期可能發生的困難、不利事件、突發事件或天災等。針對風險做出預防或補救的行動計畫，就是風險管理。做任何事情，都有可能發生風險，有些是可以預料的，有一些是事先想不到的。所以我們要累積自己工作中的風險經驗，也可以多多學習別人的風險經驗，成為自己的風險經驗，這樣下去，您的風險管理就會做的愈來愈好，事情也會做的順利。

　　採購在專案管理中有它的獨特性，因為很多專案都需要額外的機具和物料才能完成，必須編列經費去採購，東西要買的好，經費要用的少，就要把採購管理做好。

　　特別要注意，自己上街去買東西，可能都不是甚麼大

事，但家庭主婦上市塲買菜，可能就不是一件小事了，更何況公司機關或大企業了，採購管理絕對是一件大事，更何況俗語說的好：「從小看大。」即使小事也要認真做好才是。

品質指的是一件事物或一件工作的成果究竟如何？成果要依據一些準則去評量後，才能說它的品質究竟如何？所以品質管理就是首先要確定對最後成果要求的品質是甚麼？然後依據成果品質的要求去訂出評量成果的準則有那些，並且也訂出各個階段中對工作的進行和階段性成果的評量準則，最後就是要在每個階段的適當時程依據評量準則進行評量，提出品質評量的結果，進而據以進行需要的改善或調整。

至於其他四個管理方向：時間、成本、人力、和溝通，都是一般做事最基本的重要項目，顧名思義，也就不再多說。

有趣的是，一般人做事，基本上都離不開這些重點，只不過，或許有時未盡全部重點都注意到，或是對某些重點考慮的不夠詳盡而已，但也有很多人從來也沒有想過這些，或是想過也沒有把它們整理出來。但專案管理能夠斬釘截鐵的寫出來，而且把這些重點的相關知識都一清二楚講的很透徹，確實值得我們去效法學習。

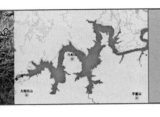

8.善用網際網路

　　網際網路就是互聯網，可說是現代人類世界上一個最博大精深高知識密度的一個萬用系統。更何況現代人從電腦或手機就能隨時進入這個浩瀚的虛擬時空，而且大部分是免費的，還有很多數不清的商業服務，解決人們生活和工作上的需要。e世代二十世紀已然來到，在二十一世紀的今天，如果您不去熟悉、不去善用網際網路，那可就是令人匪夷所思了。

　　網際網路就是一部虛擬的萬用百科全書。上個世紀，網際網路上就已經有許多製作的比書還要生動的知識網站，特別是以圖表動態呈現的，甚至還有可以自己模擬實作的，這個世紀，內容更加豐富，可說是當今人類最偉大的貢獻。例如之前說過的「Physlets」、「Educator's Corner-Agilent Technologies」和「physlet模擬教學動畫」，維基百科也相當實用。除了這些，還有許多許多內容豐富設計精良的學習網站，值得去熟悉並且善加利用。

　　謹特別推薦：www.enchantedlearning.com。

　　網際網路上更有許多免費的軟體可以幫您做很多事，例如前面提過的心智圖軟體以及其他文書處理和影音處理的

軟體等，可以讓您終生受用不盡。又如威力強大的谷歌地球（Google Earth），其實也就是一個非常有用的軟體工具，配合谷歌地圖（Google Map）、谷歌圖片（Google Image）和谷歌搜尋（Google Search），您可以靠它們秀才不出門、能知天下事，虛擬遊歷全世界，把各地的好山好水好風情看個夠。此外，谷歌翻譯（Google Translation）也是語文學習的好工具。

網際網路就是這樣一個神奇的聚寶盆，永遠有無數偉大的當代豪傑在盡心盡力、熱心奉獻的不斷放入新的寶藏。而這個聚寶盆不就在您身上邊嗎？

網際網路上太多的東西值得去深入瞭解善加利用，惟一要注意的就是，上帝與撒旦是無所不在的，進入網際網路，一定要開啟您的智慧，多親近上帝，遠離撒旦的誘惑。別忘記，好東西頭腦是不怕裝不下的，儘量裝吧！別在不好的東西上浪費自己的時間。

再就是，網際網路上不用腦思考的東西以及只能滿足感覺的東西，也都敬而遠之吧！它們只會讓您的腦停頓，削弱您的腦思考功能，甚至讓腦和神經組織退化。即便是為了休閒和娛樂，也要有所節制，適可而止。

厄尼斯特‧海明威的一句格言：「優於別人並不高貴，真正的高貴，應該是優於過去的自己。」

9.神奇的熱情動力

　　為甚麼要談熱情？因為熱情能鼓舞情緒，讓人產生神奇的動力！而且有太多的偉人名家都說過熱情的重要性。英文的熱情源自希臘文，有「被神鼓勵出來」的意思。戴爾·卡內基稱熱情為「內在的神」。

　　從字面上看，熱情是一種讓您覺得有熱力的心情感受。但有一位名人說的更貼切：「全力以赴，就是熱情。熱情會感動自己，也會感動別人。對一件事情發揮自己最大的潛力，把它做到最好、極致，我覺得就是熱情。」

　　這兒有幾個和熱情意義相近的詞，必須首先提出來談一談。最保守的詞是熱忱或熱誠，感覺上比較強烈一些的詞是熱情或熱衷，再強烈一些的詞就是狂熱或執迷。這些詞在文意上雖有程度上的不同，也只有在相互比較時才會去注意它們的差異，一般用起來，往往會因人因事因時因地的不同而採用不同的詞，可見這些詞彼此之間也很難有絕對的分際。

　　有人認為，熱情是一種強有力的情感表現，能夠成為推動和鼓舞行動的巨大力量，是一切事業成功的必要條件。許多偉大的革命家、科學家和藝術家都有一個共同的特點，就是他們對決心要做的事業都有狂熱，也正是這種狂熱的熱情鼓舞，成就了他們為人類做出的偉大貢獻。例如，化學

之父道爾頓，物理學之父牛頓，偉大的發明家諾貝爾和愛迪生等。

《全球兩百大企業執行長特質》的調查結果曾指出：在兩百大企業執行長的十個共同重要特質中，排名第一也是熱情。這個神奇配方，如果注入個體血液，將轉成追求終極目標的續航力；如果注入企業經營，公司股東權益報酬率將提高一倍！

許多偉人名家說過：

在世界上所流傳下來的偉大事跡，都是由於偉人的熱忱而得來的勝利果實。天才所要求的最先和最後的東西都是對真理的熱愛。天才是由於對事業的熱愛感而發展起來的，簡直可以說天才就其本質而論，只不過是對事業、對工作過程的熱愛而已。每個天才的產生，必是熱忱的產物。熱情對成為偉人是多麼地重要啊！

也有偉人名家認為：

一個人成功的因素很多，首要因素就是熱情，沒有熱情，無論能力有多強也無法發揮。對工作熱情的人，具有無限的力量。A級人和B級人之間，最大的差別就是熱情！一個能力平平卻有著熱情的人，往往能超越一個能力很強卻毫無熱忱的人。建立一個能持續經營的新媒體，關鍵就在於擁有熱情、人才、堅持不懈、洞察力與偏執狂。熱情是工作的最大動力。熱情是個性的原動力。沒有熱情，世間便無進步。若想成為人群中的一股力量，便需培養熱情。

一些偉人名家相信：

若你一開始沒有足夠的熱情，便無法堅持到底。是的，在我所有的研究中，偉大的領導者會反省自身，並能夠說出充滿真誠與熱情的好故事。如果你覺得某件事你必須去做，而你對此又有熱情，那麼別再想了，快去做吧。如果你不愛你做的事，你不會帶著信念與熱情去做它。我沒有特殊的天分，只是熱切地充滿好奇。無論做任何事情，都應遵循的原則是：追求高層次。你是第一流的，你應該有第一流的選擇，在工作中加入「熱情」。有史以來，沒有任何一件偉大的事業不是因為熱情而成功的。

　　再看一些偉人名家的話：

　　每一個偉大的夢想都由一個夢想者開始。永遠記得，你內在有力量、耐心與熱情，去完成壯舉、改變世界。如果安於現狀，生命就會失去應有的熱情。開發你對學習的熱情，你將永遠不會停止成長。熱情就是能量。專注於令你興奮的事情，你就能感受到那股力量。如果熱情驅策你，那就讓理智握住韁繩。我們必須先把熱情表現出來，才能感受到熱情。很明顯地，我們無法向沒有經歷過熱情的人解釋熱情，就像我們無法向盲人解釋光。沒有什麼比熱情更重要了。無論你的人生想做什麼，帶著熱情去做。你無法裝做熱情的樣子。你必須對一個想法、一個問題、或改正錯誤感到熱情。

　　現在您應該體認到熱情的重要，請記住這句名家的話，並認真的去身體力行吧：「靈魂的責任，是忠於自己的渴望。但在主人「熱情」的面前，它也必須拋棄自己。」

您在名歌星的演唱會上看到熱情，您在大藝術家的作品中看到熱情，您在大合唱中看到熱情，您在感人的電影或電視影片中看到熱情，您甚至在舞蹈表演中、相聲表演中看到熱情，在哈利波特的魔法故事中看到熱情，那您也一定有感受到當年專心投入創作的音樂家、藝術家、導演以及作家們散發的熱情。

　　沒有當年的熱情，那有現代的熱情。就因為當年的熱情開花結果，現代人才能享受熱情。可曾想過何時去釋放您的熱情，讓熱情激發出您的潛能。

　　沃韋納戈說：

「智慧的最大成就，也許要歸功於激情。」

七、創新——智慧的源頭

　　「創新」與「創意」很相近，與「創造」就差很多。有人喜歡用「創新思考」或「創意思維」。「創新」這個詞，照字面看是「創造新的出來」，但做起來卻不能沒依據的去「創造」。古聖先賢早就說過「溫故知新」、「推陳佈新」、「精益求精」、以及「百尺竿頭，更進一步」的話，就是一種「創新」的思維。

　　從「溫故知新」我們可以體會到，那是要從已有的知識和經驗中去探討，進而得到新的知識。所以，已有的知識和經驗才是創新的基礎。當然這個基礎如果愈豐富完整，愈精緻細密，就是基礎踏實健全，那麼找到新知的機會可能就會多，得到的新知也就會更好。

　　從「精益求精」可以看出，那是說現在做到好，之後下次還要做到更好，也就是要繼續不斷的創新下去。「精益求精」用在日常工作上，就是這次做的快，要想下次如何能做的更快？這次做事的成本太高，下次要如何去降低花費的成本？

　　可知，創新是為了要達到一種特定的目標，除了上述時間、成本外，這個目的可能是為了個人想發明創造，也可能是企業要滿足顧客的需求，或是工廠要提高生產效率。那就

首先要把目標定義清楚，例如：要達到甚麼樣的品質？花多少成本？合乎甚麼樣的要求？做完要花多久時間？需要幾個人做？等等。

由此看來，創新本身就是一個專案，可以把專案管理的十個管理方向拿來套一套，就能幫您找到創新的具體作法。

請看近代的名家們對創新是怎樣的認知，或許也能給我們一些啟發。

達爾文說：「在科學研究中，是允許創造任何假說的，而且，如果它說明瞭大量的、獨立的各類事實，它就上升到富有根據的學說的等級。」

愛因斯坦說過四句格言：

（1）「想像力比知識更重要，因為知識是有限的，而想像力概括著世界上的一切，推動著進步，並且是知識進步的源泉。」

（2）「若無某種大膽放肆的猜想，一般是不可能有知識的進展的。」

（3）「被放在首要位置的，永遠應該是獨立思考和判斷的總體能力的培養，而不是獲取特定的知識。」

（4）「在科學上，每一條道路都應該走一走。發現一條走不通的道路，就是對於科學的一大貢獻。」

朗加明在《創新的奧秘》一書中指出：「在創新活動中，只有知識廣博、資訊靈敏、理論功底深厚、實踐經驗豐富的人，才易於在多學科、多專業的結合創新中和跳躍性的

創造性思維中求得較大的突破。」

約瑟夫・阿洛伊斯・熊彼特點出了創新的特質，他說：

「創新就是創造性地破壞。」

耐爾・斯威尼在《致未來的總裁們》一書中說：「為了產生創新思想，你必須具備：（1）必要的知識；（2）不怕失誤、不怕犯錯誤的態度；（3）專心致志和深邃的洞察力。」「作為一個未來的總裁，應該具有激發和識別創新思想的才能。」「作為公司總裁必須樂於承認和接受由創新思想帶來的種種不愉快。」

陳玉書說：「致富的秘訣，在於『大膽創新、眼光獨到』八個大字。」

黃漢清說：「只有先聲奪人，出奇制勝，不斷創造新的體制、新的產品、新的市場和壓倒競爭對手的新形勢，企業才能立於不敗之地。」

八、青春有夢──贏在起跑點

有人問：「青春不留白是什麼意思？」有人答的好：「該玩的時候就要玩，以後不要有遺憾。」意思是：年輕時有體力，有活力去玩，要把握青春好時光。

「該玩的時候就要玩」，這句話引申出去就是說：「不該玩的時候就不要玩。」甚至更進一步的說，應該是：「該玩的時候要好好的玩，該工作的時候要好好的工作。不要該玩的時候掛念著工作，該工作的時候又想著玩的事。或者玩到一半又去工作，工作沒做完，又去玩。這樣的話，結果將會是玩沒有玩好，工作也沒有做好。」

以現代的人來說，小學畢業以前是兒童，有12年的時光；中學、大學期間是青少年，有10年的時光，兒童加青少年就有22年的時光。青春指的就是這人生剛開始的22年，如果將來工作到65歲退休，這青春時光就佔了一個最寶貴時光的三分之一。這樣看來，前面三分之一的青春時光，是一個人為了未來作準備的階段；後面的三分之二，則是一個人發揮能力貢獻社會的階段。

因此，要能贏在起跑點，青春當然不能留白，更何況，青春正值腦部發育最快的時期，錯過這個好時機，那才真會是「青春留白」。在腦部發育最快的時期，除了把握機會，

強化腦的功能，增加腦的知識外，還有一件事越早開始愈好，那就是「青春有夢」。

有一位名家說：「夢想，是一個目標，是讓自己活下去的原動力，是讓自己開心的原因。」還有有一位名家說：「一個實現夢想的人，就是一個成功的人。」看來，「青春有夢」越早開始愈好的，就是及早為自己選好一個未來的人生目標，寫出實踐這個目標的計畫書，然後依照計畫書進行。不要認為這是一件困難的事，這本書中已經寫的方法，照著去做就對了。

再寫兩句名家的話來鼓勵鼓勵！就是：

「要想成就偉業，除了夢想，必須行動。」

「夢想只要能持久，就能成為現實。我們不就是生活在夢想中的嗎？」

莫等閒，白了少年頭。

願您：

早日青春有夢，早日美夢成真！

九、智慧的增長
——運用之妙存乎一心

畫龍點睛

再次強調，

腦經年累月在做的事，主要就是應用、互動、吸收和整合等四大過程。

這四大過程不斷的循環反覆，腦的功能因此日益茁壯，知識趨於完整，應用知識的能力提昇，智慧也因而成長。

知識要勤於應用，不斷的產生回饋，去蕪存菁，才能淬煉成為高密度的智慧。

智慧就是：

「在正確的時間和正確的地點作正確的事，得到準確、精密和高效益的成果。」

本書的內容用在個人，可以活化思維、開發潛能、增長智慧、快速提昇個人競爭力。

更可以用在國家教育的強化革新、學校教育的效能提昇、以及企業組織的迎向競爭創造優勢。

點點滴滴都是智慧，運用之妙存乎一心，待您發掘，待您應用，待您發揚光大。

八個叮嚀：

(1) 要從多閱讀、多學習、多思考、多應用、多檢討之中，及早養成管理頭腦的習慣。

小建議：閱讀、學習、思考、應用、檢討是整套有系統的過程，要成套的去做，腦會跟著您的意念行動，自然而然培養出好的管理習慣。

(2) 要經常透過腦的意念與思考，活化全身，保有強健的神經系統。

小建議：學一點基本的身體穴道常識，學一點太極拳或氣功的基礎功法，早起或睡前按摩全身重要的穴道，用意念在全身周一遭。

(3) 要維持良好的運動習慣，適當的運動，不僅強化體能，也能強化頭腦。

小建議：不常運動的人，可以視自己的體能狀況，每天早或晚，在空氣新鮮的場所跑步十分鐘或快走三十分鐘。也有人在身上帶著記步器，沒事就走路，一天要走三千到五千步。也有人週末固定去慢跑一小時，去打球，去爬山，去健行，這些都不妨參考。

注意：穿甚麼鞋很重要，要穿對。

（4）要有持之以恆的毅力，不能堅持努力下去，是不
　　　會成功的。

（5）要經常自我定位檢討，增加自己的強項，減少自
　　　己的弱項。

（6）要不斷的開發自己的潛能，不怕面對挑戰，不要
　　　逃避困難。

（7）要居安思危、居危思變，小事、大事都要有應變
　　　的規劃，也就是風險管理。

（8）別忘了，遭遇困境、煩惱或心情低落時，十秒鐘
　　　的靜坐或十分鐘的打坐，可以讓您的心安詳平靜
　　　下來，頭腦的思維會更敏銳清晰。

以下古代大哲學家們對智慧的偉大格言，可以給我們很
大的熱情和激勵。

荷馬說：「決定問題，需要智慧，貫徹執行時，則需要
耐心。」

蘇格拉底說的妙，「真正高明的人，就是能夠藉助別人
的智慧，來使自己不受蒙蔽的人。」這可要好好學。

再看！莎士比亞的名言：「簡潔是智慧的靈魂，冗長是
膚淺的藻飾。」真是太高明了。

奧托‧施特恩說的好，「一盎司自己的智慧抵得上一噸
別人的智慧。」

歌德有四句名言，非常實用：

（1）「智慧只能在真理中發現。」

（2）「所謂真正的智慧，都是曾經被人思考過千百次；但要想使它們真正成為我們自己的，一定要經過我自己再三思維，直至它們在我個人經驗中生根為止。」

（3）「智慧最後的結論是：生活也好，自由也好，都要天天去贏取，這才有資格去享有它。」

（4）「我不應把我的作品全歸功於自己的智慧，還應歸功於我以外向我提供素材的成千成萬的事情和人物。」

伯特蘭·羅素說：「從偉大的認知能力和無私的心情結合之中最易於產生出思想智慧來。」「良好的人生是受行動和智慧指導的。」

雨果說：「塑成一個雕像，把生命賦給這個雕像，這是美麗的；創造一個有智慧的人，把真理灌輸給他，這就更美麗。」

寇第斯說：「書籍乃世人積累智慧之長明燈。」

托爾斯泰說：「理想的書籍，是智慧的鑰匙。」

魯迅說：「時間，每天得到的都是二十四小時，可是一天的時間給勤勉的人帶來智慧和力量，給懶散的人只留下一片悔恨。」

馬爾克林斯基說：「智慧是不會枯竭的，思想和思想相碰，就會迸濺無數火花。」

再提醒您：

我們不是每天都在生活？每天都有事要作嗎？
那麼，生活就需要策略規劃，凡事都要專案管理。
只有專心認真生活做事又能堅持到底的人，才會成功。

十、您的修練

修練靠自已，

解惑到這裡：

madeit111@gmail.com

歡迎您來探討切磋以下簡報！

從心開始 —
邁向成功與卓越

從心開始,管理你的頭腦,
建立你腦海中的智慧系統,
才能提昇自我、強化組織,
進而邁向成功與卓越。

04:09:2011   1

從心開始 —
邁向成功與卓越

內容摘要:

基本理論	←	重要條件
三個觀念	←	基礎認知
四個原理	←	增長智慧
五個方法	←	必備工具
畫龍點睛	←	飛龍在天

04:09:2011   2

從心開始 ─ "心" 在那裡？

收心？　　有心？　　用心？
定心？　　守心？　　細心？
專心？　　誠心？　　費心？
盡心？　　真心？　　妙心？

亡...中國人的這個"心"，太多了！

我實在是想不太出來啦！！！！！

 從心開始 ─ 閱讀

故事人物之一：洪蘭教授

大學認知神經暨心理科學教授，前教育部長夫人。
近二十年來，台灣所有大中小學演講走透透，鼓勵學
生要多多閱讀。
『閱讀可以啟動神經機制、活化大腦。 』
『要提升學生的閱讀力、促進學習，應該從小開始打
造閱讀習慣、主動學習。』

＊＊「進化論」告訴我們什麼？

從心開始 — 主題

故事人物之二：智慧老人倪匡與作家的女兒

老師的題目 母親節的母親
作家女兒的報告 母親節的父親
「我的媽媽在我很小的時候就走了，所以今天我要說
的是我的爸爸‧‧‧」

倪匡：科幻推理名小說家，出書140多本，劇本不下數
百部，每一本書都能針對一個獨特的主題，深入發揮，
思路快，曾一天寫下二萬字。
04/09/2011   5

從心開始 — 知識

知識是對某個主題確信的認識，並且這些認識擁有潛
在的能力為特定目的而使用。
Nonaka(1994)認為，當訊息(message)被賦予意義後，
就成為資訊(information)，而資訊再經過整理後，
才轉化為知識(konwledge)。知識是人類理解與學習
的結果。
Quinn(1996)認為，知識是存在於專業人員身上的技
能財產，可分為：實證知識、高級技能、系統認知、
自我激勵創造力等。
04/09/2011   9

超級團隊與個人競爭力

130

管理你的頭腦 ─ 基本理論

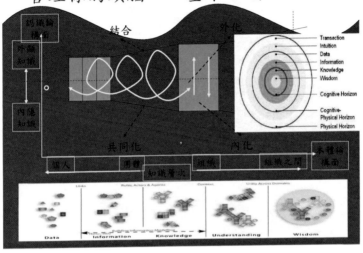

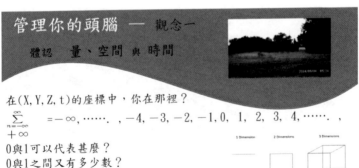

管理你的頭腦 ─ 觀念一

體認　量、空間　與　時間

在 (X, Y, Z, t) 的座標中，你在那裡？

$$\sum_{n=-\infty}^{\infty} = -\infty, \cdots\cdots, -4, -3, -2, -1, 0, 1, 2, 3, 4, \cdots\cdots, +\infty$$

0與1可以代表甚麼？
0與1之間又有多少數？

常與變、平衡點與容忍度、絕對與相對
是與非、黑與白看來是絕對的，其實也是相對的

廣度、深度、密度
腦是既廣又深而且密度高的小宇宙，潛力無限
學問：博大精深高密度
04/09/2011

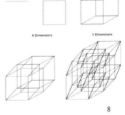

8

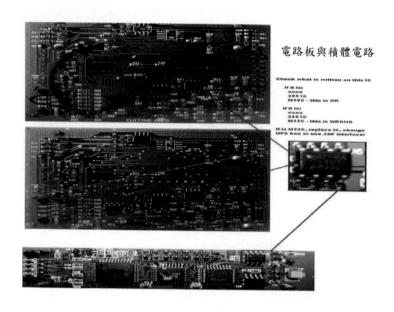

電路板與積體電路

Check what is written on this IC

If it is:
XXXX
295tC
M39C - this is OK

If it is:
XXXX
295tC
M33C - this is WRONG

If is M33C, replace IC, change
UPS box or use JAF Interface!

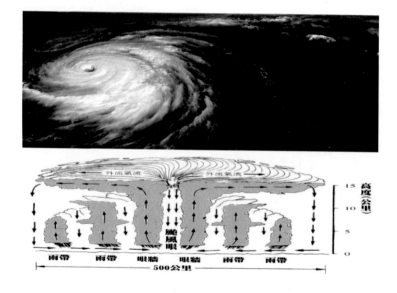

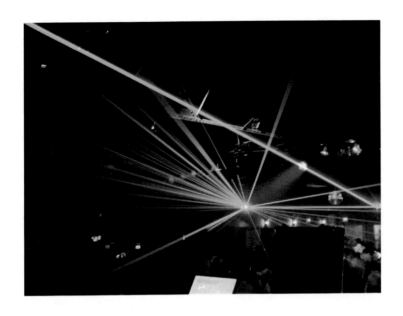

十、您的修練

管理你的頭腦 ─ 觀念二

洞察　實 與 虛，色 與 空，質 與 能

看的到、摸的到 →實 色 → 質
看的到、摸不到 　？
看不到、摸的到 　？
看不到、摸不到 →虛 空 → 能

馮馮的天眼通　　倪匡的透明光　　電影透明人

螞蟻看得到人嗎？
當神仙以光速行走時，你看得到神仙嗎？
以光速行走的神仙，看得見以2倍光速行走的神
仙嗎？

質能轉換　$E = MC^2$

熱、電磁波、聲、重力、壓力腦波、氣功、念力

凡人的境界：色即是色、空即是空
聖賢的境界：色不異空、空不異色
神仙的境界：色即是空、空即是色

04/09/2011　　　　　　　　　　　　　　　　　　　　13

管理你的頭腦 ─ 觀念三

熟悉　感覺 與 感應

看到，看不到 ？　　　感覺/應到的是第一手的資料，要探求資
聽到，聽不到？　　　料的真，存真去假。

香不香？　甜不甜？　　資料要經過整理成為有用的資訊，要探求
冷不冷？　重不重？　　資訊的善。
疼不疼？　快不快？
忙不忙？　　　　　　　資訊要系統化成為完整的知識，要探求知
　　　　　　　　　　　識的美。
我覺得….

腦波共振　　第六感　　知識要勤於應用，精焠成為高密度的智慧。
電波共振　　念力
　　　　　　天眼

04/09/2011　　　　　　　　　　　　　　　　　　　14

管理你的頭腦 ── 原理一
向電腦學習

1. 電腦像批發倉庫，貨要放在方便補貨及顧客容易找到的位置，以及有效益的營運管理。

2. 電腦有執行運算的足夠空間。

3. 電腦有快速傳送數據的Bus。

4. 電腦有主記憶體與次記憶體。

5. 電腦的CPU運算速度不斷提昇。

6. 電腦的軟體不斷更新、增加。

7. 電腦只處理0與1，專心工作。

04/09/2011   15

管理你的頭腦 ── 原理二
時間管理　做的學問

1. 依事情的急、重、輕、緩，規劃處理事情的先後順序。

	緊迫	不緊迫
重要	1 st 急	2 nd 重
不重要	3 rd 輕	4 th 緩

2. 依規劃去執行，隨時評量其品質與效益，隨時檢討改進。

3. 時間有限，減少不必要的支節瑣碎、合併重複的處理流程、集中批次一次處理，可以節省時間。

04/09/2011   16

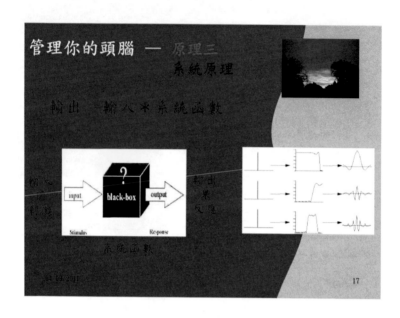

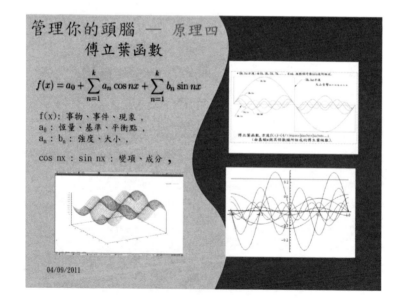

2.建立腦海的智慧系統

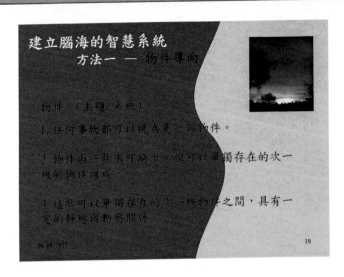

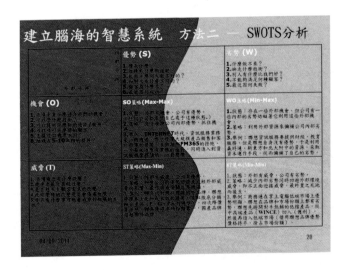

建立腦海的智慧系統
方法三 — 策略地圖

建立腦海的智慧系統　方法四—平衡計分卡

建立腦海的智慧系統
　　方法五 ── 專案管理

九大要項：
1. 整合(Integration)管理
2. 範疇(Scope)管理
3. 時間(Time)管理
4. 成本(Cost)管理
5. 品質(Quality)管理
6. 人力資源(Human Resource)管理
7. 溝通(Communications)管理
8. 風險(Risk)管理
9. 採購(Procurement)管理

飛龍在天

1. 養成管理頭腦的習慣，
　　及早開始，持之以恆。

2. 十秒靜坐，收心專注。

畫龍點睛

十、您的修練

結語

　　就用《改變態度，改變人生》書中的四句話作為本書的

結語：

心若改變，你的態度跟著改變；

態度改變，你的習慣跟著改變；

習慣改變，你的性格跟著改變；

性格改變，你的人生跟著改變。

祝福您：

成就智慧、邁向卓越！

策略規劃、專案管理！

青春有夢、展翅飛翔！

堅持不懈、美夢成真！

2013/12/05

國家圖書館出版品預行編目

超級團隊與個人競爭力 / 許成之著. -- 臺北
市 : 許成之, 2017.03
　　面 ；　公分
　　ISBN 978-957-43-4329-4(平裝)

1. 企業管理　2. 知識管理　3. 職場成功法

494　　　　　　　　　　　　　106001931

超級團隊與個人競爭力

作　　者　許成之
出　　版　許成之
印　　製　秀威資訊
　　　　　114 台北市內湖區瑞光路76巷69號2樓
　　　　　電話：+886-2-2796-3638
　　　　　傳真：+886-2-2796-1377
網路訂購　作家生活誌：http://www.showwe.com.tw
　　　　　博客來網路書店：http://www.books.com.tw
　　　　　三民網路書店：http://www.m.sanmin.com.tw
　　　　　金石堂網路書店：http://www.kingstone.com.tw
　　　　　讀冊生活：http://www.taaze.tw

出版日期：2017年3月
定　　價：300元